ヒト　家をつくるサル

榎本知郎

学術選書 011

京都大学学術出版会

KYOTO UNIVERSITY PRESS

はじめに

世界旅行をすると、それぞれの土地で、いろんな家が建てられているのが見られて楽しい。世界じゅうの住まいを手軽に見たい人は、愛知県犬山市にある野外民族博物館、リトルワールドがおすすめだ。広大な敷地の中に、タイのアカ族の家、インドネシアのトバ・バタック族の家、モンゴル族のテント、韓国の農家、フランスのアルザス地方の家など、世界の民家が建っている。その多くは、現地から移築した本物である。そこに住む人まで連れてくるわけにはいかないから、やや生活感に欠けるのはいたしかたないが、それぞれの民族の住まいの思想が体感できて興味深い。

民家は、なにより、そこで生活する人びとのなりわいが感じ取れるからおもしろい。これまで訪れた国の民家で、わたしがいちばん印象に残ったのは、アフリカのマサイ族のウシの糞でつくった家と、インドネシアのバンジャルマシンで見た水上の家だった。記憶をたどると、その臭いまでよみがえる。

世界遺産に指定された遺跡は、もっぱら芸術性の高い歴史的建造物だが、なかにはインカ時代の人びとが暮らしたペルーのマチュ・ピチュのように、当時の人びとの生活をほうふつとさせるものも含まれている。日本では、白川郷と五箇山の合掌造り集落が、世界遺産に登録されている。かつて合掌造りの家では家父長制のもとで、大家族が養蚕をしていた。雪に閉ざされた冬は、どんなに寒かったろうか。

二本足で歩くサルを人類と呼ぶ。約六〇〇万年前に誕生した人類は、いくつかの種に分かれながら、あるものは生き残り、あるものは絶滅していった。現生人であるヒト（ホモ・サピエンス）は、二〇万年前にアフリカで誕生し、五、六万年前にアフリカを出て、世界のすみずみへと散らばっていった。それぞれの地域で新たな文化を築きあげつつ、家を建てたのである。家の形やコンセプトは、今みるように実に多彩だ。

ヨーロッパやアジアには、ホモ・ネアンデルターレンシス（ネアンデルタール人）やホモ・エレクトゥス（原人）などの人類が、つい数万年前まで住んでいた。彼らは、凍てつく氷河時代にもかかわらず、家を建てなかったのである。しかし、ヒトは、アフリカ人も、オーストラリアやアメリカ大陸の先住民も、そしてわれわれ日本人も家を建てる。「家づくり行動」の習性は、現生人類に共通しているのである。

アフリカ人とユーラシア人は、一二万年くらい前に系統が分かれたという。そうだとすれば、家づくりの能力は、それより前の共通祖先がアフリカにいたとき、すでに備わっていたと考えるべきだろう。つまり、「家づくり行動」は、ヒトが共通に受け継ぐ遺伝子によって、コントロールされているのである。

残念ながら、「家づくり行動」の遺伝子は、今のところ見つかっていない。たとえあったとしても、たったひとつの遺伝子の働きで、家が建てられるようになるとは考えにくい。多くの遺伝子が関与していることだろう。わたしは、どんなＤＮＡがこれにかかわるかといった物質的な探求はひとまずおいて、「家づくり行動」の遺伝因子を、ヒト、つまり現生人類がもっていると考えてみたい。こうすることで、はじめて生物学の言葉で、住まいの進化を語れるようになるのである。

住まいの進化を考えようとすれば、「家」を生物学の言葉で表さなければならない。もちろん、これは動物の巣にあたるだろう。本書では、ヒトがどのように「巣づくり行動」を進化させたか、それを押し進めた状況は何かについて、考えていきたい。

そもそも、巣とは何だろう。第１章では、鳥と哺乳類の巣づくりについて説明する。「話を鳥類にまで広げるのか」と思われるかもしれないが、巣づくりする哺乳類は少ない。巣づくりは、動物のなかでも、鳥類でもっとも発達した行動なのである。

では、どんな性質をもった動物が巣づくりをするのだろうか。巣は、何のためにあるのだろうか。これが、第２章で解き明かされる。

第3章と第4章では、それぞれ病原体や寄生虫など、寄生体と住まいとのかかわりについて考えたい。巣をもつことは、よいことずくめではない。寄生体やトイレの問題など、いろんな弊害をともなっているのである。家に住むことで、ヒトは、どんな不都合を耐え忍ぶことになったのかを説明する。そして、第5章では、人類が誕生してから、ヒトが家を建てるに至る歴史を概観する。人類学は、いま、めざましく発展し、びっくりするような発見が相次いでいる。そんな話題にも触れてみたい。最後の第6章で、わたしは、ヒトが家を建てるに至ったシナリオを説明する。これには、心の幼児化、子ども時代の長期化、言語の学習、脳の発達など、相互に密接に関連するいくつもの要素が働いているのである。

本書は、「ヒトはなぜ家を建てるのか」という謎を解く推理小説のようなものである。第1章から第5章まででデータを集め、最後の第6章でわたしの仮説を提出する。基本的なデータは、正直に提示したつもりである。そのすべてが、わたしが展開する構図にぴったり収まっているわけではない。読者のなかには、わたしと違う仮説を考える方がおられるかも知れない。それは、それでよいのである。

進化の研究では、実験ができない。仮説をたて、いろんな状況証拠を集めて検証していくしかない。そして証拠がそろわないうちは、いくつ仮説があってもよいし、むしろその方が研究を押し進めるのである。たとえば、人類がどのように二本足で立ち上がったかの仮説は、わたしが知っているだけで五つはある。

科学は、真理を追究する認識の営みだが、宗教と違って、絶対的な真理に到達することはない。科学の真髄は、真理を追究しようとする姿勢にこそある。本書を読んで、パズルを解くような「科学する楽しみ」を味わっていただきたいのである。読者のみなさんには、本書に書かれたデータから、自分で仮説をたてる気概で、じっくりと読んでいただきたい。

ヒト　家をつくるサル◉目　次

第6章……ヒト＝家をつくるサル　137

コラム

ヒト　家をつくるサル

第1章 「巣」とは何か

巣と聞いて、何を思い浮かべるだろう。わたしは、燕尾服を着たスマートなツバメを真っ先に思いつく。春が来るたびに、はるか南のジャワ島から渡って来る。そして家の軒下や家の中に、泥と唾液を混ぜて、お椀型の巣をつくる。巣のなかは、乾いた葉や羽毛が敷き詰めてあって、なかなか居心地よさそうである。やがて卵がかえり、小さなヒナたちがひしめきあう。親鳥が餌を持ち帰ると、大きな口を開けて、われさきに餌をもらうのである。ツバメは、朝早くから活動を始めるので、早い時刻から起きて戸口を開けている家でなければ、家の中に巣をつくらない。かつて農家は、勤勉さの象徴として、ツバメの巣が自宅にあるのを自慢したものである。

巣というと、このようにまず鳥を思い浮かべてしまう。それだけ巣をつくる鳥が多く、ほかの動物では、まれなのである。そもそも巣とは何だろうか。それを考えるために、まず鳥類と哺乳類の巣を見ていこう。

休憩所としての「巣」

メガネグマという風変わりなクマをご存じだろうか。ベネズエラの山岳地帯の湿潤な森に棲んでいる。クマだというのに樹上で過ごすことが多い。エサはおもに植物で、木の上で手にはいるものばかりだ。熱帯林では、隣接する木の枝どうしが重なって、木のてっぺんがつながっている。メガネグマは、枝から枝へ、木から木へと渡りながら採食していく。この生活スタイルは、まるでサルのようである。[*1]

メガネグマの指先には、尖った爪（鉤爪《かぎづめ》）があり、それを幹に食い込ませて木に登る。小さな子は、うまく木登りができない。だから、母親は樹上の餌をとって、子どものために下に落とすのだという。これは、いわば餌の分配である。

ひとしきり食事をすると、休憩時間である。葉の茂る枝先に行き、手を伸ばしてポキン、ポキンと自分の方に枝を折り曲げていく。何本かの枝を折り曲げると、ちょうど格好のベッドが出来上がる。そのうえに横たわり、二時間ほど昼寝を決め込む。

このベッドを下から見上げると、葉がそこだけ集中していて、体が乗るところはへこんでいるから、まるで鳥の巣のように見える。しかし、これを巣と呼んでよいだろうか。もちろん定義次第なのだが、

写真●メガネグマ．ベネズエラからボリビアにかけての山岳地帯に棲む．顔の模様からその名がついた．（撮影＝高垣重和）

これは休憩用のベッドと呼ぶべきだろう。

最初になぜメガネグマのベッドについて述べたのかといえば、じつは、ヒトに近縁の大型類人猿が、これとそっくりのベッドをつくって休むからである。[*1] 英語ではこれをnest（巣）という。また百科事典で「巣」を引いてみると、類人猿のベッドに触れている。しかし、メガネグマや類人猿のベッドは、本書では巣と呼ばないことにしたい。

巣づくりをする動物たち

鳥で巣がないのは、少数派である。海辺に棲んで魚を食べるアジサシ類の「巣」は、いたって簡便だ。たいがいは、卵がよそへ転がっていかないだけの、ただのくぼみである。シロアジサシは、自然にできた木の枝のくぼみや岩棚のくぼみに卵を置く。迷彩をほどこしたまだら模様の卵が、枝の上にぽつんと置かれているのは、じつに印象的だ。鳥類学では、これも巣と呼んでいる。[*2] しかし、これは卵の置き場所でしかなく哺乳類にはあり得ないので、これも巣と呼ばないことにしよう。

カッコウの仲間には、托卵するものが多い。自分で巣をつくらず、そのかわりほかの鳥の巣に自分の卵を産みつけるのである。日本各地に飛来するカッコウは、オオヨシキリ、モズ、ホオジロなどの巣のところに行き、産んである卵をひとつ取り除き、代わりに自分の卵をひとつ産む。カッコウの卵は、早く孵化する。生まれたてで、まだ羽毛も生えず赤裸のカッコウのヒナは、里親の鳥のヒナだろうと卵だろうと、巣から落としてしまう。そして、気の毒な里親の運ぶ餌を独占し、すくすく育つのである。このように、カッコウは自分で面倒な巣づくりをしないが、ちゃっかりほかの鳥の巣を利用しているのである。

コウテイペンギンやオウサマペンギンも、巣をつくらない。メスは、平均気温がマイナス二〇度と寒く烈風が吹きすさぶ氷上で、一個の卵を産む。するとオスは、卵を六〇日間も自分の足の甲の上におき、抱卵するのである。なにしろ下は氷である。じかに置いたら、卵が冷えてしまう。あたり一面凍りついた場所では、巣材も手に入らない。こんなとき、足の甲の上がいちばん暖かなところなのだ。

フクロウは、キツツキの巣のあとや人間がつくった巣箱など、自然物やほかの生物のつくった木洞を巣として利用する。ほかにも、シジュウカラ類やリスのように、穴を利用する鳥や哺乳類は多いから、好都合な穴が少ないところでは取り合いになる。がんばらないと、競争に負けて穴が手に入らず、卵を産めない。

スズメは、ふつうは巣をつくる。しかし、もし巣箱があれば、それを使うこともある。格好な巣になるものがあれば、わざわざ手間をかけてつくる必要がないということだろう。

もともとあった穴を利用するけれど、少しだけ自分でそれを改良する鳥もいる。自然の穴に入り、少しだけ壁を掘って改修するものは多い。インドやタイに棲むオオサイチョウは、外敵の侵入を防ぐために、自分の糞や泥、葉などで、巣の内側から出入り口を狭くして、文字通り「穴熊」を決め込むという。

自然のままでは、手ごろな穴が見つからないこともある。それで卵を産めなかったりするより、自分で巣穴を掘ってしまえばいい。こういうのは簡単だが、実際にトンネルを掘るとなると、その労力たるや並大抵ではない。

ショウドウツバメは、砂や土、石ころなどでできた土手に長いトンネルを掘る。そのいちばん奥に葉や羽毛を敷きつめて居心地をよくして、卵を産みつける。

キツツキ類の巣穴は、なかなかの労作だ。つがいになったオスとメスが協力して、そのノミのようなくちばしで、木の幹にこつこつと彫り上げていく。一つの巣穴をつくるのに、一〇日から二八日間かかるという。こんなに苦労してつくった巣も、いずれ寄生虫が棲み着くので数年経つと捨て、また一からつくり直すのである。見捨てられた巣は、フクロウやリスなどに巣穴として便利に利用されるから、キツツキ類はまるで「森の巣づくり屋さん」である。

巣づくりは、たいへん手間のかかる仕事である。たとえば、南アメリカはアンデスの湖にすむクイナの仲間の水鳥、ツノオオバンは、水際から三〇メートルほど沖に出たところに巣をつくる。最初は、陸地から石を集めて湖のなかに積んでいく。その上に、水面から出て巣がつくれるところまで、水草を積んでいくのである。巣は、大きいものだと直径が四メートル、高さは六〇センチメートルから一

写真●アフリカツリスガラの巣．アンボセリ国立公園（ケニア）．

メートル、石の重さはあわせて一五〇〇キログラムになるという。その労力は、想像しただけでも、気が遠くなりそうである。

変わった「巣」としては、ツカツクリのものが傑作である。オーストラリア南部に棲むクサムラツカツクリのオスは、まず地面に直径二メートル、深さ一メートル弱の穴を掘る。そこに、腐食した落ち葉などをかき集めて詰め込む。その真ん中に卵を入れるくぼみをつくっておくのである。ここまで用意してから、メスがやって来るのを待つ。メスがくぼみに卵を産むと、オスはその上に砂土をかぶせ、高さ七〇センチメートルほどのこんもりとした塚をつくるのである。こうして巣が完成すると、オスは休む間もなく次の「巣」づくりに向かう。

産み落とされた卵は、落ち葉が腐食するときに出る熱で暖められ孵化する。ツカツクリの仲間には、腐葉土ではなく、火山の地熱を使って卵を暖める種類もある。

鳥類学では、ツカツクリ類の塚も「巣」と呼んでいる。しかし、その役割は孵卵器である。ヒナがかえってもこれをシェルターとして使うことがないので、ここでは巣と呼ばないことにしよう。

鳥類に比べると、哺乳類で巣をもつものは少なく、まして自力で巣をつくるものはまれである。ハタネズミは、巣穴（巣室）のなかで赤ちゃんを産む。巣穴のなかの巣は、枯れたイネ科の草や地衣類などでつくる。子育ては、メスの役目である。子どもが巣からさまよい出たら、鳴き声で居場所を突き止め、すぐに巣に連れ戻すのである。

リス、ムササビ、モモンガは樹洞を巣に利用する。カモノハシ、モグラ、ハタネズミ、アナグマ、アナウサギなどは、地面のなかのトンネルに巣をつくる。ビーバーやマスクラットなどは、水上に巣をつくる。

イヌやネコの仲間である食肉目の動物には、巣をもつものが多い。イヌは、犬小屋に寝る習性がある。これは、その先祖であるオオカミの巣で寝る習性を受け継いでいるからである。

巣をもつ哺乳類をざっと見渡すと、未熟な子を産む動物が多い。ネズミにしてもイヌにしても、生まれたばかりのときには、まだ目が開いていない。敵に対してあまりにも無防備だ。もし巣がなければ、たちまち捕食獣に食べられてしまうだろう。つまり巣は、幼い子どもを外敵や厳しい環境から守る装置なのである。

少し事態をややこしくしているのは、巣をもつ哺乳類が、休息するときにも巣を「ねぐら」として使うことである。そして、巣が動物の「家」だとする連想から、これを巣と呼ぶことも多い。しかし、鳥類学では、ねぐらと巣を区別する。いつも決まった場所に泊まる鳥もいれば、毎日違う場合もある。カラスのように、何千羽も集まって一緒に休むときもある。南北アメリカ大陸に棲むコンドル類は、つがいが思い思いの場所に巣をつくりヒナを育てるが、寝るときになると、ヒナを巣においたまま、みんないっしょにねぐらで寝る。このように、巣とねぐらはほんらい別物なのである。

わたしは、「巣」を哺乳類にも使える言葉にしたいので、シロアジサシのようにくぼみに卵を置くものや、ツカツクリの孵卵器は、巣と呼ばないことにしたい。胎生の哺乳類に、こんな巣はあり得ないからである。また、「ねぐら」だけに使うものも、巣と呼ばないことにしよう。

つまり、本書でいう「巣」とは、「そこで子どもを産み、子どもを育て、子どもを外敵から守るシェルターとしての機能をはたす装置であり空間であるもの」ということにしたい。この定義は、鳥類学のものとは違うので、ご注意いただきたい。

巣づくりの進化

巣をつくるものが鳥に多くて哺乳類に少ないというのは、その進化の過程が違うからである。哺乳類は、中生代の三畳紀に、有羊膜類のなかの獣弓類から誕生した。[*3] 生まれたての哺乳類は、体長が五センチメートルくらいで、夜になると林床や木の上をちょこちょこと走り回っていたと推定されている。三畳紀に続くジュラ紀には、哺乳類は鳴かず飛ばずの状態だったが、次の白亜紀の後期になってからめざましい適応放散を遂げ、現在見る哺乳動物たちの祖先が勢揃いした。現在は、約四〇七〇種。そのうちネズミの仲間の齧歯類がいちばん多く、一七〇〇種を占めている。われわれ霊長類は、一八〇種ほどと、まずは中堅どころである。

有羊膜類からは、龍弓類を経て、爬虫類も誕生した。ジュラ紀になると、爬虫類のなかの恐竜類が優勢になり、哺乳類をしのぐ繁栄を遂げた。この恐竜の中から誕生したのが鳥類である。鳥類は、肉食恐竜の獣脚類から誕生したという。ティラノサウルス科の恐竜に羽毛があることが発見されたので、鳥類が恐竜の子孫だということが、まず確実になった。

ジュラ紀やこれに続く白亜紀に、鳥類はいろんなグループに進化した。しかし、今から六五〇〇万年前、中生代が新生代へと替わるまでに、現生の鳥類の祖先だけを残して、恐竜とともに滅び去ったのである。

現在、鳥は八八〇〇種ほどが知られている。哺乳類に比べて二倍あまり。種の数が繁栄の指標だとすれば、哺乳類よりはるかに繁栄しているのである。哺乳類よりあとに当時最も繁栄した恐竜から分岐しただけあって、鳥類の体のつくりには、随所に新機軸が採用されている。そのひとつは、いうまでもなく、羽毛である。体の小さな鳥が体温を一定に維持できるのも、羽毛という極めて優秀な断熱材を身にまとっているからである。また、吸気、呼気のどちらでも肺に酸素を送り込める気嚢系をもち、往復運動しかできない横隔膜をもつ哺乳類に比べて、はるかに優れた呼吸器系を開発している。

こうした形ばかりでなく、行動面にも新機軸が見られる。そのひとつが、「巣づくり」である。鳥類の卵は、親の体に比べても大きい。だから、そんなにたくさん産むわけにはいかない。少ない子どもを大事に育ててあげなければならないのである。鳥のつがいが、ヒナの体がおとなと変わりがないくらい大きくなるまで、せっせと餌を運び続ける光景を、よく目にする。鳥類の九割はつがいをつくり、オスも子育てに参加するものが多いのである。

少ない子どもを産んで、これを大切に育てあげる戦略をとるのは、哺乳類も同じである。しかし、胎盤を通して子どもに栄養を与え、生まれてからも乳汁を与えて育てるのは、メスだけである。オスは、子どもが幼いあいだは、子育てに参加したくてもできない。オスには子宮がないし、乳首があっても乳汁が出ない。つまり、一方的にメスに負担を強いる繁殖の仕方をしているのが、哺乳類の特徴なのである。

巣づくりは、鳥の種類の半分以上を占めるスズメ目《もく》でとくに発達している。ツバメの巣はお椀型のもので、巣としては、いたってシンプルだ。しかし、同じスズメ目の鳥でも、それぞれ巣の形はじつに多彩である。壺をさかさまにしたような形だったり、ボール型をしていたり、コップ型をしていたり。

鳥の巣づくり行動は、気嚢などと違い、恐竜から受け継いだわけではないようである。というのも、鳥の系統ごとに、巣づくり行動が進化しているからである。内田康夫によると、ツバメ科の巣は、次のように進化したという。[*4]

最初は、自然にある穴を利用したもので、木の洞を巣にするジュドウアオツバメなどがその例になる。ここでは、「自然物利用型」と呼んでおこう。

次は、ショウドウツバメなどのように、やわらかな崖に自分で横穴を掘る型である。これは、自然物を利用しつつ、多少加工するという操作が入るので、「自然物加工型」と呼ぼう。

そして、もっとも進化したものは、軒先のツバメの巣のように、泥の巣を貼り付けるものである。これは、「巣づくり型」とでもいおうか。

ツバメ科だけを見ても、このように進化のあとをたどれるということは、ほかの巣をつくる鳥たちも、それぞれの系統で、それぞれ巣づくり行動を進化させたということだ。だからこそ、こんなにも多様な巣づくりのやり方があるということなのだろう。

巣づくりの進化系列を考えるのなら、この三段階の前に、シロアジサシのような「巣なし型」を入れなければならない。かくして、次のような「巣づくり行動」の進化の系列を考えることができる。

一　巣なし型
二　自然物利用型
三　自然物加工型
四　巣づくり型

哺乳類を見ると、ウシなどの偶蹄類、ウマなどの奇蹄類、アザラシなどの鰭脚類、クジラ類、ゾウなどの長鼻類は、おおむね「巣なし型」である。イノシシは、偶蹄類なのに巣穴をもつが、これは例外だ。ウサギ類は、体が小さいけれど、「巣なし型」が多い。「あれ、小学校で飼っているカイウサギは、よく穴を掘るけれど」と思われる方もいるだろう。確かに、カイウサギの先祖であるアナウサギは、「自然物加工型」の巣穴をもつ。しかし、これはウサギ類では少数派だ。

コウモリの仲間、翼手類は、オオコウモリ類を除いて洞窟の天井に居を構えて子どもを育てるから、これは「自然物利用型」である。

イヌ、ネコの仲間の食肉類は、「自然物利用型」の巣穴をもつものが多い。自然の穴に、少し手を入れることはあっても、ハイエナのようにみずから穴を掘って「自然物加工型」にまでなるものは少ない。

ネズミの仲間の齧歯類は、最も繁栄している哺乳類で、いろんな生活スタイルをとっていて、「巣なし型」から「巣づくり型」まで多様である。トンネル網を張りめぐらせ、そのなかに居室をしつらえるモグラも、「巣づくり型」にはいるかもしれない。ただ、本来は「ねぐら」と呼ぶべきものである。

こう哺乳類を概観すると、「巣なし型」が多く、巣をもつものでも「自然物利用型」が多いことが分かる。つまり、哺乳類は、あまり「巣づくり行動」を進化させてこなかったのである。

その理由のひとつには、オスが子育てに参加しないことがあげられるだろう。鳥は、体の割に大き

写真●ブチハイエナと巣穴．ハイエナの右と，写真の右端が巣穴．これらは地下でつながり，全体で巣になっている．アンボセリ国立公園（ケニア）．

な卵を産むので、メスにとってかなりの負担になる。しかし、巣づくりや、抱卵とかヒナの世話に、オスが参加するものが多い。なかには、オスだけが巣づくりをする種類さえある。メスの負担は大きいとしても、オスの協力さえ得られれば、その負担は、かなり軽減されるはずである。

ところが哺乳類は、ちがう。胎盤があり乳腺があるのは、メスである。排卵して交尾し、受精卵が子宮に着床してから、胎児の栄養や酸素の供給、老廃物の処理は、胎盤を通して、すべて母親が負担する。それればかりか、産んだ後も授乳をするのはメスである。オスは、胎盤がないし、乳汁も出ない。多くのオスは、メスの負担を横目に見て見ぬふりをするのである。このように、一方的にメスに負担を強いるのが、哺乳類の特徴なのである。

われわれヒトを含む霊長類は、大きく分けると、まるでネズミみたいな原猿類と、サルらしいサルの真猿類に分けられる(図1-1)。原猿類は、サル類の先祖がそうであったように、夜行性のものが多い。

原猿類のガラゴは、木の洞、木の股などに、木の葉を丸く集めて「巣」をつくる。ガラゴは、もともと単独で生活をしている。だから、オスであろうとメスであろうと、各自が昼間休息する場所をつくる。つまり、これは「ねぐら」なのである。

ただ、ガラゴのメスの場合は、事情が複雑だ。子どもを産むからである。生まれたばかりの赤ちゃんは、全身が繊細な毛で覆われているものの、目はまだ半開きだ。ひとりでは動けない。お母さんは、最

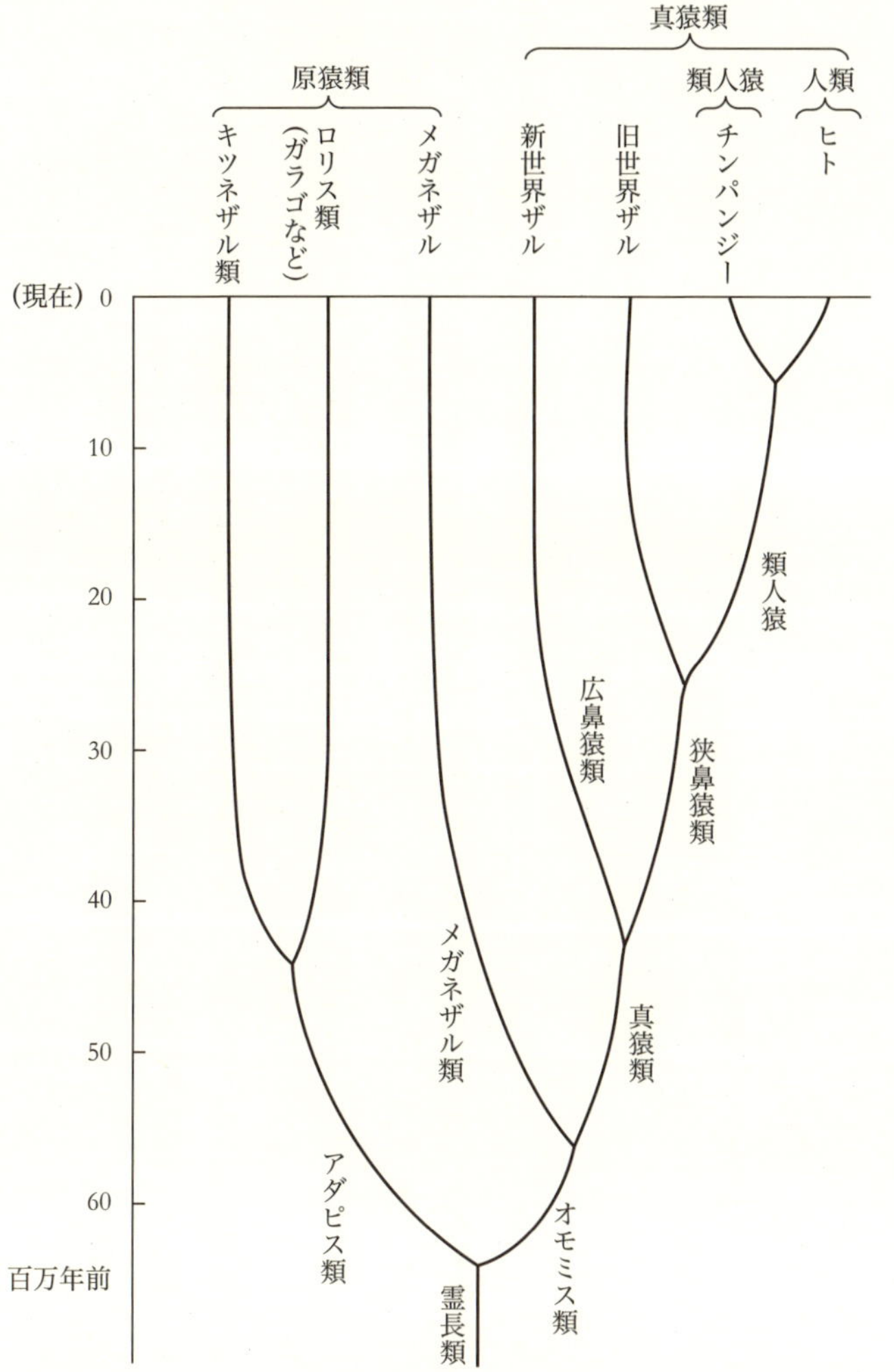

図 1-1●霊長類の進化〈データは Goodman et al. (1998) による〉
ヒトにつながっていく系統ばかりが詳しく分類されていることを見ても，サルの分類も人間中心の偏ったものであることがわかる.

初のうちは、この子を巣に残してでかけるが、やがて子どもを連れ歩くようになる。となると、これは子どもがいるときには「自然物利用型」の巣だし、そうでないときは「ねぐら」ということになるだろう。

アイアイは、数日間繰り返し使う「巣」をつくる。これは、しかし、長期間使うわけではないので、巣というより一時的な休憩所と言うべきだろう。メガネザルは、夜行性なので、昼間は木のうろで休んでいる。これは、基本的には、自然物を利用した「ねぐら」と呼ぶべきもので、メスはこれを巣として利用もするということになるだろう。

真猿類は、ヨザルという唯一の例外を除いて昼行性である。ほとんどが熱帯の森に棲む。食べ物も果物や木の葉が中心で、多くのサルは、木から降りることがほとんどない。そして真猿類は、巣をもたず、つくらない。その唯一の例外がヒトである。ヒトは、巣づくりする唯一のサルなのである。

第2章……子育てと巣

早成性と晩成性

シジュウカラの巣をのぞいてみよう。卵からかえったばっかりのヒナは、まだ羽毛が生えておらず、赤はだかである。もし巣がなかったら、体温を維持することさえできない。また、目も見えないし、自分で歩いたり飛んだりする力もない。まして、餌を取りに出かけることなどとんでもない。ただひたすら巣にとどまり、長い時間をかけて、親の運ぶ餌に頼って育つのである。このような性質を留巣性《りゅうそうせい》と呼ぶ。

ニワトリは、これと違っている。以前は、子ども向けによくオスのヒヨコを売っていたので、ごらんになった方もいるかもしれない。卵からかえったばかりでも、目が見える。ピヨピヨと鳴きながら歩きまわる。そして、自分で食べ物をついばむこともできる。この性質を離巣性と呼ぶ。

留巣性とか離巣性という言葉は、もともと鳥に対して使われたものだが、哺乳類にも当てはめることができる。それぞれ、晩成性と早成性という。大まかにいえば、偶蹄類（ウシなど）、奇蹄類（ウマなど）、長鼻類（ゾウ）、ウサギ類、クジラ類、鰭脚類《ききゃくるい》（アザラシなど）は早成性で、食肉類（イヌ、ネコなど）、翼手類（コウモリ）は晩成性である。齧歯類（リス、ネズミなど）は、種類によって様々である。

第1章で、巣をもつ哺乳類をあげておいた。それと、このリストを見比べていただきたい。早成性の動物と巣をもたないもの、また、晩成性の動物と巣をもつものが、ほぼ一致していることがお分かりだろう。まさに、離巣性と留巣性なのである。

早成性の動物の例として、ウシを見てみよう。ウシの先祖は、一七世紀ごろに絶滅したオーロックスである。まばらに木が生えた疎林や草地に群れて、葉や草を食べていた。ウシは、その性質を引き継いでいるのである。

草原には、ハイエナ、オオカミ、ヒョウ、ライオンなど、ウシにとって危険な捕食獣が多い。しかし、狩りが得意な捕食獣でも、元気のよい動物は、なかなか狩れないものである。たいがい病気になった

写真●キリマンジャロ山を背景に群れるサバンナのシマウマ．捕食獣から逃げるためにシマウマも早成性である．アンボセリ国立公園（ケニア）．

り、老いたり、子どもであったりと、弱いものを食べている。そう、運動能力が未熟な子どもは、格好の狩りの対象なのである。だから、食べられる動物は、なるべく子どもの時期を短くした方がよい。

子どもの時期を短くするには、二つの方法が考えられる。ひとつは、子ども期の始まりを遅らせること、つまり、なるべく胎児でいる期間を長くすることである。お母さんの子宮にできるだけ長くとどまり、大きく成長してから誕生する。第二に、子ども期を早く終わらせること、つまり、成長速度をあげてなるべく早くおとなになることである。この両方のやり方を、ウシはしている。

ウシの赤ちゃんは、生まれたときから目が開き物が見える。目や耳があるからといって、すぐに見たり聞いたりできるわけではない。認識するのは脳である。つまり、ウシは脳が発達して生まれてくるのである。

運動能力も、ある程度できてから生まれてくる。生まれてまもなく立ち上がることができ、すぐにお母さんのあとをついて歩けるようになる。毛も生えそろっていて、朝方冷え込んでも大丈夫である。子どもでも、おとなと行動がほとんど同じなので、子どもの体の形や各部のプロポーションは、おとなとそんなに違わない。多少頭でっかちかな、と思う程度である。

ウシの妊娠期間は、二八三日である。この日数は、ヒトとあまり違わないから、「なんだ、体が大きな割には短いじゃないか」と思われるかもしれない。確かに一般的にいえば、体の大きな動物ほど妊娠期間が長い。だから、ウシのように大きな動物にしては、早く産んでしまうことになる。しかし、ヒトの赤ちゃんが体重三キログラムになって生まれるのに対し、新生子牛は四五キログラムにも達しているのである。実に一五倍。ウシは、胎児の時からものすごい勢いで成長しているのである。

ウシは、一度のお産で子どもを一頭産む。早成性の動物は、一産一子が原則である。お母さんの子宮の大きさには限りがある。二頭以上の胎児がいれば、手狭になってしまうのである。

子牛は、最初のうちこそ栄養豊かな牛乳を飲んで育つが、三カ月もたつと自分で草を食べられるようになる。そして、人間ならやっと「はいはい」を始める約一〇カ月齢で、性成熟に達する。このように、ウシはお母さんのお腹のなかで大きく成長してから誕生し、生まれてからも素晴らしいスピードで成長して、あっという間におとなになるのである。おとなになると、乳牛のホルスタインで、体重は、メスが六五〇キログラム、オスが一一〇〇キログラムくらいになる。

成長がこれだけ早いと寿命も短くなる。ウシは家畜なので、寿命は野生のものよりはるかに長いはずだが、四〇歳を超えるウシはほとんどいない。繁殖のために使えるのは、一五歳くらいまでだという。哺乳類は、繁殖しなくなるとすぐに死んでしまうのが普通だから、野生ならこのくらいの歳が寿命なのだろう。

次に、晩成性の動物の例としてドブネズミを見てみよう。ドブネズミは、実験動物として使われるラットの先祖である。わたしは、幼いころ、ドブネズミが天井を走る音を何度となく聞いた。下水溝にもひそんでいる。このネズミは、家のまわりに棲み、残飯をあさり、ペストなどの病気を媒介するなど、われわれ人間にとってはとてもなじみ深い。もっとも、なじみになりたいかどうかは、人によると思うが。

ドブネズミの妊娠期間は、二二日前後と短く、胎児がじゅうぶん成長しないうちに巣に産む。赤ちゃんは、毛が生えておらず、赤はだかである。だから、体温の調節すらできない。もし巣から出たら、すぐに寒さでこごえ死んでしまうだろう。目と耳は膜で覆われ、閉ざされたままだ。一回のお産で六匹から一四匹の赤ちゃんが生まれるから、お母さんの乳首は、兄弟姉妹で取り合いになる。生まれ落ちて、さっそく生き残りのための競争が始まるのである。

お母さんは、巣に赤ちゃんを残して餌をとりに出かける。巣は、子どもを外敵から守ることで、間接的にお母さんの活動を助けている。つまり巣は、赤ちゃんに暮らしやすい環境を提供するばかりでなく、シェルターとしての役割も果たしているのである。

母親が出かけたあと、もし、だれかが「かわいい」といって赤ちゃんを手に乗せたとしよう。あとでその子を巣に返したらどうなるか、知っているだろうか。母親は、帰って来るとその赤ちゃんを食べてしまうのである。母親は、自分の子どもをにおいで判別しているのだ。変なにおいのする子は、自分の子ではない、おいしく食べてしまおう、となる。

ドブネズミは、生後二週間ほどで目が開いて餌を食べ始め、四週齢で巣立ちする。成長は、とても速い。わずか三カ月でおとなになり、繁殖ができるようになる。ネズミは、寿命が二、三年なので、一生のあいだに何回も出産する。一回のお産で一〇匹もの子どもが生まれてくる。この子たちがみんな生き残り、次の世代を産んだとしたら、文字通りネズミ算で、あっという間に地上はネズミに覆い尽くされてしまうだろう。しかし、実際には、そうはならない。ということは、もし世代ごとに数が増えたり減ったりしないと仮定すれば、一匹の母親が産んだ何十匹もの子どものなかで、おとなにまで成長するメスが、たった一匹しかいないということになる。オスも一匹くらいおとなになれるかも知れない。残りの子どもたちは、おとなになる前に、みんな死んでいくのである。

食肉類の動物たちもやはり晩成性である。しかし、その成長の様子を見ると、ドブネズミとはちょっと違っている。

以前は、ネコの子が道ばたの草むらに捨ててあるのをよく見かけたものである。夏目漱石の『吾輩は猫である』の主人公も捨てネコだった。そんな赤ちゃんの捨てネコを見てみると、すでに毛が生えている。体温の調節はできるようだ。しかし、ミーミー鳴くばかりで、目も開いておらず、動きもぎこちない。

イエネコの先祖のリビアヤマネコは、妊娠期間が六八日。巣穴で三〜六匹の赤ちゃんを産む。早成性の動物が、一度のお産で一頭しか産まないのに対して、ネズミにしても、ネコにしても、晩成性の動物は、産仔数が多くなっている。偶蹄類なのに晩成性のイノシシは、最大で一二頭もの赤ちゃんを産む。

赤ちゃんは、ドブネズミと違って、ちゃんと毛皮をまとって生まれてくるから、巣の保温にまで気を配らなくていい。それなら、巣穴は「自然物利用型」でじゅうぶんだ。そしてイエネコは、そんなリビアヤマネコの習性を受け継いでいるのである。

ネコ類は、妊娠期間が長い。その分、ドブネズミに比べて少しだけ成長してから生まれてくるが、その後の成長は遅々としている。つまり、ドブネズミや有蹄類に比べて、子ども時代がずっと長くなっているのである。

ネコも、小さいうちは「ネズミをとれ」といっても無理である。食べ物は、親などの保護者に全面的に依存している。動かない草と違って、ネズミは逃げる。これを捕まえるには、しのびより、ジャンプし、首筋に噛みつくといった、運動能力と技術が必要である。そしてそれは、仲間と遊んだり、何度も失敗を繰り返すなかで、少しずつ身につけていかなければならない。だから、あまり子ども時代を短くすることは、できないのである。

サルのライフ・スタイル

本川達雄『ゾウの時間、ネズミの時間：サイズの生物学』というベストセラーがある。[*1] これを読むと、寿命やサイズは違っても、どの動物でも一生の間の心臓の拍動数は同じだという。わたしは、この新鮮な考え方に、目から鱗が落ちた気になったものである。

メスの体重が三トンのゾウの妊娠期間は二二カ月、最初の妊娠は一〇〜一一歳、寿命は野生のアフリカゾウで七〇年である。いっぽう、家の天井や下水溝を走り回るドブネズミは、体重が一六〇〜四五〇グラムで、妊娠期間は約二一日。繁殖が可能になるまでに三カ月、寿命は二〜三年である。これらの動物のデータを見て、どちらが短い、長いといったところで意味はない。本川のいうように、体の大きな動物ほど、時間がゆっくり流れるのである。となれば、同じ体重のものどうしで比べなければならない（表2-1）。

そこで、サルのライフ・スタイルの特徴が何かを知るために、同じ体重の有蹄類や食肉類と生活史のデータを比べてみよう。[*2] 表にあるように、サルは、妊娠期間が長く、性成熟にも時間がかかり、寿命が長い傾向がある。ここまでは有蹄類とは違っている。しかし、一度のお産で一頭しか産まないし、新生児は生まれてすぐにものが見えるし、母親の胸にしがみつくことができる。サルは、この点で早成

表2-1●同じ体重の動物どうしの生活史データ比較

	有蹄類（ウシなど）	食肉類（ネコなど）	霊長類（サル）
妊娠期間	長い	短い	長い
繁殖までの期間	短い	中くらい	長い
産仔数	1頭	複数	1頭
寿命	短い	中くらい	長い
出生時の目	開いている	閉じている	開いている
新生児の運動	歩く	動けない	母親にしがみつく
脳	小さい	中くらい	大きい

性なのである。

サルの多くは、森のなかで集団をつくって暮らしている。地上に暮らす動物に比べて食べられる危険は少ないが、ワシなどに襲われたら、体の小さな赤ちゃんはひとたまりもない。だれかが危険なワシを見かけると、警戒しろよという声を上げる。敵を見つけるには、多くの目で見た方が有利なので、三、四種類のサルが集まって大きな群れをつくることさえある。

集団生活をしていると、みんなが食べるためには、餌がたくさん必要になる。餌は森のなかに分散しているから、どうしてもあっちの餌場、こっちの餌場と、動き回らなければならない。そんな生活をしているサルに、もし未熟な赤ちゃんが生まれたとしたらどうだろう。赤ちゃんはオギャーオギャーと泣くばかりで、お母さんにもしがみつけないのである。母親は、赤ちゃんを両手で抱かなくてはならない。これでは、枝から枝へと渡ることはできず、群れについて行けなくなる。餌もじゅうぶんとれないし、捕食者に食べられる危険も倍加するのである。これではとてもやっていけない。

サルは、集団をつくり、たえず移動している。赤ちゃんは、実際には生まれてすぐにお母さんにしがみつけるので、そんなにお母さんの行動のじゃまにならない。ただ、成長が遅いので、授乳期間は、ほかの哺乳類に比べて長くなっている。

成長した状態で生まれるか、未熟な状態で生まれるかは、脳の成長と密接な関係がある。ウシのような早成性の哺乳類は、脳が胎児のあいだに成長している。だから、生まれたときには、もう目も見えるし耳も聞こえる。しかし、生まれたあと、脳はあまり大きくならない。これは、生得的に決められた情報処理や行動はうまくやれるが、生まれたあとで学習によって行動を変えていくのは不得手だということを示している。ウシは、どこにでもある草を食べ、捕食獣が来たらみんなで逃げるという生活をしているので、あまり柔軟に行動を変える必要がないということなのだろう。

いっぽう、ライオンのような晩成性の哺乳類では、生まれたときには、まだ脳が発達していない。だから目も開いていないし、耳があっても音は聞こえない。未熟で生まれてから、時間をかけて脳を拡大していく。そして、遊びながら、狩りのやり方を学んだり、社会的なやりとりを学んだりと、生きていくうえで必須の情報や技術を学んでいくのである。動物を使って学習の研究をする心理学者が、晩成性のネズミやイヌを使うのも、これらの動物の学習能力が高いからだろう。

サルは、ほかの早成性の動物とは、少し脳の発達のしかたが違っている。妊娠期間が長く、脳がかなり発達してから生まれてくる。ここまでは同じなのだが、生まれてからも成長が続く点が違う。子どもも時代が長いと、それだけ脳も大きくなる傾向が認められるのである。

脳は、体のほかの部分に比べて、エネルギーを大量に消費する。人間の場合、おとなの脳重量は体重の二・五パーセントでしかないのに、脳を潤す血流量は、体全体の二〇パーセントにも達する。それだけエネルギーを消費しているのである。つまり、脳は、維持費のかかるものすごくぜいたくな器官である。サルは、そんなぜいたくをして、いったい、その生活の何に役立てているのだろうか。

もっぱら木の葉を食べているサルは、生後の学習が必須である。木から見れば、種をまくためにわざと食べてもらう果物と違って、葉は大事な生産材である。だから、食べられないように、トゲや有毒成分で防衛している。ミカンの葉を食べる害虫は、アゲハチョウに決まっている。葉を食べる虫は、特定の植物に対する解毒剤をもっていて、その植物は食べられるものの、ほかの植物は食べられないのである。葉を食べるサルは、虫とはちょっとやり方が違っている。体内にいちおう解毒剤を用意しているのだが、多少の量なら解毒できても、そればかり食べると中毒する。だから、一〇〇種を超える種類の木の葉を、毒にあたらないくらいの少量ずつ食べていくのである。そして、何を食べるかは、生得的には決まっていない。子どもは、親たちが食べるのを見て、何が食べられ、何が食べられないか、どう食べたらいいのか、学習していかなければならないのである。効果的に学習するためには、生後も脳が発達する必要があるのである。

ある団体の人たちが、米国で生まれ飼育されていたチンパンジーを、その「故郷」の森に返してあげようと、西アフリカの島に放したことがある。自由を得て「解放」されたはずのチンパンジーたちは、すぐにパニックに陥った。ケージのなかで生まれ、人間に餌をもらってきた彼らには、何が食べられるものか、分からなかったからである。あんまりお腹がすいて、手当たり次第に食べられそうなものを食べたのだろう。毒にあたって、あっという間に放されたチンパンジーの半数が死んでしまった。結局、今でも人間が餌を与え続けるはめに陥ったのである。

果実食のサルの場合は、さらに少し違う。果物は、ある時期の特定の木にまとまった量がなる。季節ごとに、どこにあるどんな木の実が食べごろに熟しているかを考え、斑点状に存在する餌場から餌場へと、群れは最短ルートを移動していく。彼らの心のなかには、地図が用意されているのである。

果実は、葉に比べて、できのよい年、悪い年の変動が大きい。杓子定規に、何をいつどこで食べるかまで生得的に決めてしまうと、できの悪い年には餓死してしまうだろう。ふだんからよりうまく餌を取るためには、一工夫が必要なのである。

心の中の地図や、臨機応変の行動など、果実食のサルは、葉食のサルに比べて、さらに知能が必要となる場面が多くなる。それを反映して、果実食のサルは、同じ地域に棲む同じ体の大きさの葉食のサルに比べると、脳が大きくなっているのである。

霊長類の祖先は、夜行性で虫を食べていた。森のなかで、枝から枝へと移動しながら虫を捕るには、敏捷さが必要である。だから体は小さかった。そのなかから、果実を食べるサルが誕生したのである。体が大きくなり、脳も拡大した。温暖で湿潤な中新世には、アフリカやアジア、南米に大きな森が広がっていたため、果実も豊富で、果実食のサルたちは大いに繁栄した。やがて、そのなかにコロブスなど最新型の葉を食べるサルが出現したのである。大型の果実食のサルは、新型サルとの競争に破れて絶滅していった。辛うじて生き残った果実食のサルの系統のひとつが類人猿であり、ヒトの祖先なのである。

このシナリオでは、脳の大きな果実食のサルから、脳の小さな葉食のサルへと進化したことになる。つまり、必要がなければ、維持費がかかりすぎる脳は縮小すべきなのである。

ヒトのライフ・スタイル

先ほどサルが早成性だと書いた。それを読んで「変だな」と思った方もおられよう。ヒトは、サルの一種なのに、赤ちゃんがとても未熟なまま生まれてくる。

この疑問は、もっともである。人間の赤ちゃんは、生まれるとオギャーオギャーと泣くばかりだ。何日か経ってもまだ目が見えない。話しかけても反応しない。もちろん、歩くこともできない。ほかのサルのように、お母さんの移動の邪魔にならないよう、胸にしがみつくことすらできない。

行動の発達も、ほかの動物に比べて格段に遅くなっている。赤ちゃんの首がすわるのは、だいたい三〜四カ月齢である。それまで赤ちゃんを抱くときには片手を首に添えないといけないから、お母さんの両手は、完全にふさがってしまう。「はいはい」を始めるのが七カ月齢で、ひとり歩きできるようになるのは、実に一歳前後になる。ひとり歩きできたからといって、目を離せば何をするか分からない。わが家では、子どもが何度も階段を転げ落ちたものである。これが、危険な捕食者がいるサバンナだったら、片時も目が離せないことだろう。

食事だって、ひとりではできない。バブバブという意味不明の言葉は、六カ月齢くらいから発するが、単語をいうのは、ほぼ一歳である。ヒトは、早成性のサルの仲間でありながら、晩成性の傾向が強いのである。

ただ、生まれてくる赤ちゃんの大きさは、霊長類で最大である。ヒトでは、新生児の体重が三キログラムもある。おとなになるとヒトよりずっと大きなゴリラでも、新生児は二・一キログラムと、ヒトの三分の二くらいしかない。メスがヒトより小柄なチンパンジーやオランウータンでも、それぞれ一・七キログラムと一・六キログラムと、約半分である。ヒトは、大きくて未熟な赤ちゃんを産むように進化したのである。アドルフ・ポルトマンは、名著『人間はどこまで動物か』で、もともと早成性のサルのなかでヒトが晩成性になったという意味でそのことを「二次的晩成性」と呼び、これこそがヒトの特徴なのだと強調している。*3

サルは、一度のお産で一頭産む。少なく産んで大切に育てる。これは、早成性の動物のやり方である。ところが、ヒトは晩成性なのに一産一子ではないか。双生児などの多胎は、類人猿に比べて少し多いけれど、それでも一〇〇〇回の妊娠でわずか四回ぐらいしかない。

しかしヒトは、晩成性の動物らしく、近縁の類人猿に比べて多産の傾向が顕著なのである。現在では、文明のおかげで栄養状態がよいから、年子もまれではない。だから、文明以前のヒトのお産の様子を、ほかの霊長類と比べないと不公平である。そうしてみると、文明の利器を持たない採集狩猟民の女性は、三・二年から三・八年ごとに赤ちゃんを産んだという。

赤ちゃんを産む間隔は、体重が大きな動物ほど長くなる。だから、メスがヒトより小柄なチンパンジーやオランウータンの出産間隔は、ヒトより短くてよいはずだ。ところが実際には、それぞれ、五〜六年、六〜九年と、ヒトよりはるかに長いのである。ちなみに、スマトラに棲むオランウータンの九年というのが、哺乳類で最長の出産間隔である。[*2]

チンパンジーやオランウータンでは、なぜこんなに出産間隔が長いのだろうか。それは、赤ちゃんに手がかかるからである。赤ちゃんの世話は、まるで哺乳類の宿命を絵に描いたように、一方的にメスの負担になっている。オスは、何の手助けもしないのである。だから、子どもがひとり立ちするまでは、次の子どもを産むわけにはいかない。いっぽう、ヒトでは集団のほかのメンバーも育児を手助けするから、子どもが小さなうちに次の子どもを産むことができるのである。

ヒトの出産間隔は短い。これは、とりもなおさず、女性が一生のあいだに産む子どもの数が多いことにつながる。ヒトは、少産のサルのなかにありながら、多産の方向へと進化したのである。

一般的に、大きな動物ほど、赤ちゃんの乳離れの時期が遅い。これは、「ゾウの時間とネズミの時間が違う」からである。そして、チンパンジーとオランウータンでは、それぞれ五歳と七・七歳になっている。これらの類人猿は、ヒトに比べて寿命が短く成長が速いから、ヒトにあてはめるなら、小学校の高学年くらいにあたるだろうか。子どもたちは、ひとりで歩けるようになっても、何かびっくりすることがあれば、すぐにお母さんの胸に飛び込んで乳首をくわえるのである。

ところが、これらの類人猿よりメスの体がひとまわり大きなヒトでは、離乳が平均で二・五歳と、きわめて早いのである。つまりヒトは、赤ちゃんを未熟なまま産むばかりか、早々に乳離れさせてしまうのである。ヒトの赤ちゃんは大きくなって生まれるから、栄養への要求も高い。三歳にもなると、お母さんの乳汁だけでは、とても栄養がたりなくなる。子どもたちは、栄養豊かな離乳食に移行せざるを得ないのである。

お子さんをお持ちの読者にはお分かりだろうが、幼稚園の幼年組には、三歳になってから入園する。二歳半の子どもは、スプーンを口に運べるが、自分で食べ物を調達する能力はない。歩けないわけではないが、子どもの手を引くお母さんの行動は、大幅に制約を受けてしまう。そんなに子どもが未熟なうちに離乳させてしまうのが、われわれヒトのきわだった特徴なのである。

赤ちゃんのころは、免疫機能が未熟である。授乳をやめると、乳汁といっしょに得ていた受動免疫もなくなってしまう。その結果として、赤ちゃんが未熟であればあるほど病気にかかりやすく、死亡率が高くなってしまう。

狩猟採集民では、初産が一九歳ごろだという。出産間隔が三年半くらいなので、閉経する四〇歳まで赤ちゃんを産み続けたなら、子どもの数は六人くらいになるだろう。平均すれば、男が三人、女が三人ということになる。もし人口が変化せずに推移するなら、三人の女の子のうち、ひとりだけが生殖年齢に達すればいい。あとの二人は、おとなになるまでに死んだはずだ。つまり、生まれてくる子どもの三分の二が、おとなになる前に死んでいったことになる。多くの赤ちゃんを産む喜びは、子どもが死んでいくのを見る悲しみと、うらはらの関係なのである。

もっとも、パラグアイに住む狩猟採集民、アチェ族の年代別死亡率と、チンパンジーのそれとを比べてみると、常にチンパンジーの方が高い。これは、子ども時代が長く老化がはるかに遅いという、ヒトの特徴に関係している。要するに、死亡率が低くても、子ども時代が長ければ、やはり死ぬ数は多くなってしまうのである。

日本では、一九〇〇年（明治三三年）から一九二〇年代のはじめ（大正時代）まで、赤ちゃんの一五パーセントあまりが一歳の誕生前に死んでいった。こんなにも多いのかと驚く人も多いだろう。しかし、これでも医学のおかげで、低い死亡率ですんでいるのである。現在では、死亡する乳児は二五〇人にひとりにまで減った。それはまた、次のような問題も生み出すのである。

ヒトの新生児は、女が一〇〇人に対し、男は一〇六人が生まれてくる。それでも、一九七〇年ごろまで、日本の二〇歳人口は、男女がほぼ同数だった。つまり、男の子の方が弱くて、子どものうちに女の子より多く死んでいったからである。これが二〇〇〇年では、二〇歳人口の性比が一〇六対一〇〇となっている。つまり、生まれたときのままなのである。一夫一妻制で全員結婚したとしても、一〇六人の男のうち六人は、配偶者にめぐまれない運命だ。そのうえ、女性は晩婚化し、一生結婚しない人が増えている。また、離婚率があがり、男は離婚するとすぐに別な女と結婚するのに、女はいったん離婚したら再婚しない傾向がある。かくして、男のうちの三割が一生結婚できない時代は、もう目前にせまっているのである〈コラム01「性比」参照〉。

お腹のなかで大きく成長してから生まれ、成長を速めて早くおとなになれば、子どもの死亡率が下がる。それなのに、ヒトは、あえて未熟な子を産み、成長にとても長い時間をかけている。多大な犠牲を払ってまで、そうする理由は何だろうか。それは、脳を大きくし、知能を高めるためである。

チンパンジーでは、新生児の脳は、おとなの四〇パーセントほどのサイズである。ところが、ヒトの新生児では、二五パーセントほどでしかない[*4]（第6章の図6-2参照）。もし、ヒトも、チンパンジー並みに成長してから生まれるとすれば、妊娠期間に一年がプラスされ、ほぼ二年になってしまう。つまり、いまの一歳の状態で生まれるなら、生まれてすぐ目も見えるし耳も聞こえる。すぐに二本足で立ち上がり、言葉も「バブバブ」くらいはしゃべり、単語もいくつか話せる。今のように、運動能力を持たない無防備な赤ちゃんの世話に明け暮れるより、お母さんにしてみれば、格段に負担が減るに違いない。

しかし、その子の体重は、なんと九・五キログラムにも達するのである。そんな子がお腹にいたら、今の産み月の女性に比べて、お腹が三倍も大きくなってしまうだろう。それに、赤ちゃんの頭も大きくなる。今の新生児の頭囲は、三三センチメートルである。これでも頭の大きさが産道いっぱいで、産道の形に合わせて体を回転させながら、辛うじてすり抜けて生まれてくる。それが、あと一年成長したとしたら、頭囲が四六センチメートルにもなってしまうのである。こんな赤ちゃんを産もうとすれば、当然ながら産道を広くしなければならない。産道を広くするため骨盤を大きくすれば、女性の腰は今よりはるかに大きく張り出さなければならない。まるでやじろべえのように横ぶれしながら、よちよち歩かなければならなくなるだろう。これでは、捕食獣に出会っても逃げられず、生き残りが大変である。

赤ちゃんをあまり未熟な状態で産むと、乳児死亡率が高くなってよくない。とはいえ、母親にとってみれば、胎児がいつまでもお腹にいられても困る。こんな競合する要因の妥協の産物として、俗に

「十月十日」というヒトの妊娠期間が遺伝的に設定されたのだろう。これは最終月経の第一日から数えた日数なので、厳密にいえば、本当の妊娠期間は二六〇日くらいである。

ヒトの脳は、生まれてからもどんどん成長する。ヒトは、体の成長速度が遅く子ども時代が長いから、脳が巨大になっていくのである。形が大きくなるばかりではない。晩成性で出生後に脳が拡大するネズミを使った研究では、いろんな物のある豊かな環境で育てると、物のない単純な環境で育てたものより、知能が高くなることが分かっている。つまり脳は、子ども時代に大きくなるばかりでなく、機能も高まるのである。

これは、子どもをもつ人なら、とっくに知っていることである。子どもたちは、まるでスポンジのように知識を吸いこみ、言葉をどんどん覚えていく。ヒトの脳は、環境に対して柔軟に対処できるように、生まれてから長い時間をかけて成長するべく、遺伝的にプログラムされているのである。

成長のパターンは、どの動物でも同じというわけではない。それぞれの動物の生活のやり方によって、あるときは遅くしたり、あるいは速くしたりして、調整している。

ヒトは、未熟なままで産まれる。それからも、成長のスピードが低く、子ども時代がとても長い。これは、脳が訓練を受けて、大きく成長するためである。しかし、いくら脳が大きい方がよいといっても、ジェームス・マシュー・バリーの小説に出てくる永遠の少年、ピーター・パンのように、いつまでも子どもでいられるわけではない。おとなになる時がやってくる。しかし、ヒトの成長プログラムは、子ども時代を引き延ばすために成長速度を落としているから、歳がいっても、おとなになるにはギャップがある。それを一気に解消するため、女の子が九歳くらい、男の子が一一歳くらいになったら、成長を一気に加速するのである。これを「成長のスパート」と呼んでいる。[*5]

いわゆる育ち盛りである。このころの子どもたちの食事量は、ものすごい。いくら食べてもお腹がすく。女の子は、初潮を見たら一年で身長の伸びが止まると俗にいう。生理的におとなになったら、サイズの点でもおとなになるということだろう。いっぽう、男の子はその後も二〇歳くらいまで、ゆっくりとだが成長を続ける。初経は一二歳、精通は一三歳がピークになっている。

ヒトは、こうして子ども時代も長いが、そのあとのおとなの時間も長い。つまり、寿命が長いのである。もともとサルは、ほかの動物に比べて長生きなのだが、そのなかでもヒトはずば抜けている。チンパンジーは、サルのなかでは長寿だが、四〇歳になると急に死亡率が高くなり、五〇歳まで生きるのは九パーセントに満たない。これに対して、採集狩猟民のアチェ族では、四二パーセントが五〇歳を超すまで生き残るという。また、ヒトとは兄弟の系統にあたるネアンデルタール人では、四〇歳を超える人が一割くらいでしかなかった。これを考えると、長寿という性質は、現生人類のヒトが出現したときに獲得したもののようである。

以前、ヒトは文明を築き、栄養状態がよくなったから、長生きになったと考えられた。もちろんそういう面もある。どんな動物でも、飼育下では野生のものより長生きだ。しかし、チンパンジーは、どんなに環境がよくても、四〇歳を超えるととたんに死亡率が高まる。ゴリラ、オランウータン、チンパンジーはどんなに長く生きても、五〇〜六〇歳を超えることがないと見積もられている。ところがヒトは、一二〇歳になる人もいる。寿命の最大値は、動物の種類によって決まっている。そしてヒトは、事故や病気さえなければ、哺乳類で最も長生きする性質を、先祖から受け継いでいるのである。

俗に、「鶴は千年、亀は万年」という。爬虫類や鳥類は、哺乳類より長く生きることができる。鳥類は、同じ体重の哺乳類に比べて三倍近くも長生きである。[*6] 鳥は、環境によって体温の変わらない恒温の動物で、体重あたりの脳は大きく、巣をつくり、オスも子育てに参加するものが多い。これらの点で、ヒトは、鳥がたどった進化の道を、後追いしているのかも知れない。

四〇歳くらいになると、女性は、月経がなくなる。閉経である。排卵しないから、もちろん赤ちゃんはできない。しかし、このときはまだ、寿命の半分にも達していないのである。これもヒトのきわだった特徴である。ほかの哺乳類は、近縁の類人猿を含めて、繁殖しない状態がないか、あっても長くはない（図2-1）。

ヒトの女性は、なぜ閉経後も生きるのだろうか。チンパンジーは、寿命が短いのに、繁殖する期間を比べると、ヒトよりむしろ長くなっている。ヒトは、わざわざ閉経をして、繁殖期間を短くしているともいえる。

J・S・ペッチェイは、閉経した方が有利かどうかを、数学的なモデルで検討してみた。そうすると、寿命が五〇歳を超えるようになったら、女性は閉経して、自分の子どもではなく孫の養育に力を注いだ方が、ずっと繁殖し続けるより、より多くの子どもをおとなまで育て上げることができる。だから、閉経が進化したのだと考えた[*7]〈コラム02「包括適応度」参照〉。

また、J・F・オコンネルらは、タンザニアのハッザ族の研究をもとに「お祖母さん仮説」を提出している。彼らは、閉経がホモ・エレクトゥスの時代に生じたと考えている。ちょうど、人類が食料の豊かな森を出てサバンナに進出した時代である。食料は、その多くをイモなど地下から掘り出すものにたよっていた。未熟な子どもを抱えてお母さんが採集に行くのは、とにかく大変だった。そこで、繁殖をやめて子どものないお祖母さんが、これを採集して家族に持ち帰ることにより、より多くの子どもが生き残るようになった。だから、閉経が進化したのだという。なるほど、かつての日本では、大家族で暮らしていて、お祖母さんが孫の面倒を見る光景が、いたるところで見られたものである。

これらの考えに、C・パッカーらは異を唱える。彼らは、お祖母さんが孫の面倒をみる行動がよく見られるヒヒとライオンで調べてみた。この両種とも、とつぜん繁殖が止まり、閉経が起こっていた。しかし、年齢とともに繁殖が困難になっていく傾向は見られず、また、こうした年寄りがいることで、子どもや孫の適応度が高くなる、つまり、より多くの子孫を残す傾向は認められなかった。結局、パッ

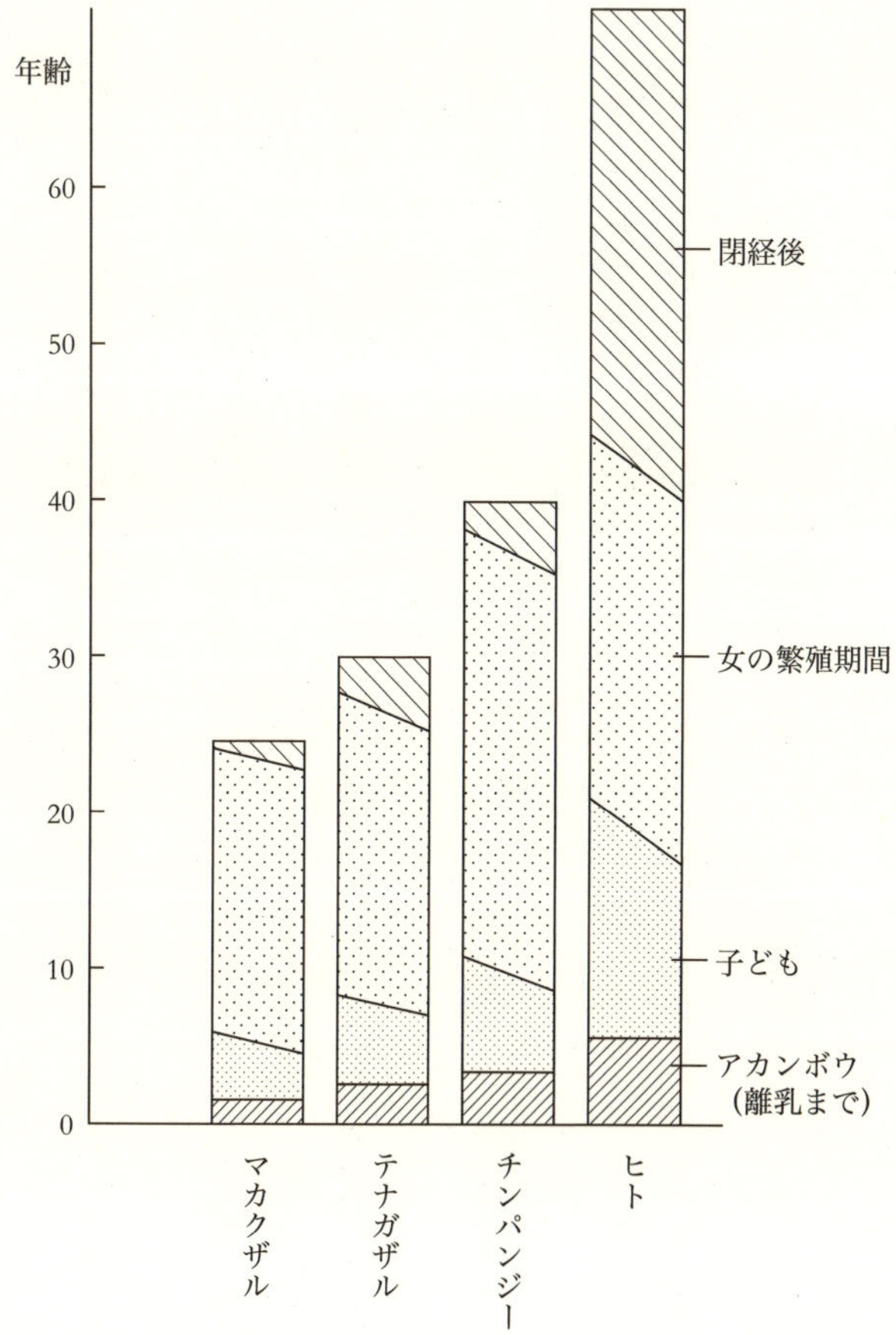

図 2-1●メスの一生の発達段階と閉経後の期間

カーらは、閉経は老化によるものだと考えている。もともと危険が多い環境では、事故や病気で寿命をまっとうする動物は少ない。だから、たとえ繁殖を終えたものが生き残っていたとしても、それが若い者の適応度を下げる程度は微々たるものなので、自然淘汰の網目にかからなかったということなのだろう。

ただ、わたしは、ヒトの女性の閉経後の人生は、ヒヒやライオンに比べてずっと長いから、閉経の意味が違っているように思う。それに、ヒトの社会のしくみも、母系のヒヒやライオンとは違っている。だから、これらの動物に閉経に似た現象が見られたとしても、同じような進化を遂げているというためには、もう少し別な角度からの証拠が必要だろう。

閉経後に骨粗鬆症になった女性の骨を調べることで、人類進化の過程でいつごろ何歳で閉経したかを知ることができるかもしれない。それに加えて、化石人類の一生について、また、化石人類の性行動の役割などがもう少し分かってくれば、これらの仮説をより詳細に検証することができるだろう〈コラム03「化石人類の成長速度」参照〉。いずれにせよ、解決は将来に持ち越されているのである。

コラム01 性比
column

多くの哺乳動物では、新生児性比（メス一〇〇頭に対するオスの数）が一〇五前後になっている。オスの新生児の方が、成長速度が速く栄養の必要量が多いため、餌が不足するような環境変化があると、メスの子より死亡率が高くなる。そのため、おとなになるころには、雌雄の数がほぼ等しくなるという。

トリヴァースとウィラードは、一九七三年、母親の身体的な条件に応じて、彼女の一生の繁殖成功を最大にすべく、子どもがオスである場合とメスである場合とで子への投資を変える、との仮説を提出した。多くの研究者が、いろんな動物を対象に、この仮説を検討した。もちろん、ヒトを含む霊長類もその例外ではない。しかし、霊長類における結果は、一定ではなかった。たとえば、群れの優劣順位の高い家系のメスはメスの赤ちゃんを生む傾向があるとの報告がある一方で、劣位の家系のメスがメスを産む傾向があるとの報告もある。そもそも、そんな相関は、何も見られないという報告もある。これでは、霊長類において、オスメスの産み分け現象が実際にあるのかどうかすら、はっきりしない。たぶん、それぞれの社会のしくみを適切にとらえ、メスの身体的な条件や環境要因をうまく区分けして検討しないと、何が起こっているのかがとらえられないのだろう（Brown, 2001）。

日本人の新生児性比を見ると、一九一〇年ごろには一〇四だったものが、年を追って上昇し、一九六九年前後の数年間は一〇七を超える。それ以降は減少に転じ、現在では一〇六弱にまで低下している。これは、一〇〇万人を超えるデータなので、統計的には、もちろん有意である。しかし、その原因が何かは、いまのところ分かっていない。わたしは、一九六九年ごろ結婚した世代では、おそらく戦後の栄養不足のせいだと思われるが、男の数が女より少ないことに気がついた。そこで、親世代の性比の偏りが新生児性比に影響した可能性を分析してみたが、うまく解けなかった。条件をいろいろ検討しなければ、解決できないようである。いずれにせよ、これは長期にわたる上昇と低下なので、戦争といった短期間の環境要因では、説明が難しい。

◎ Trivers RL, Willard D (1973). Natural selection of parental ability to vary the sex ratio of offspring. *Science*, 179: 90–92.

◎ Brown GR (2001). Sex-biased investment in nonhuman primates: an Trivers & Willard's theory be tested? *Animal Behaviour* 61: 683–694.

コラム02 *column* 適応度と包括適応度

チャールズ・ダーウィンは、一八四九年、『種の起源』を出版して、自然淘汰による生物進化説を世に問うた。それから一五〇年もたったというのに、生物進化を説明する理論は、ほかにない。その一点だけでも、これはまさに偉大な科学業績である。

この説のなかでも重要な概念が「適応度」である。適応度というのは、ある個体がどれだけ自分の子孫を次世代に残せるかの期待値である。ある生物集団があり、そこにいろんな性質をもった個体がいて、その性質が遺伝するとしよう。そして、次世代の集団で、ある性質をもった個体が増えたとする。この変化が進化である。その性質をもつ個体は、もたない個体に比べて、多くの子孫を残したのだから、適応度が高いといえる。

たとえば、人類がサバンナに進出して毛を失ったとき、皮膚の黒い人と白い人がいたとしよう。毎日、熱帯の太陽がじりじりと照りつけ、紫外線が容赦なく皮膚を襲う。皮膚色の白い人の方が少し皮膚ガンになりやすく、黒い人に比べて子孫を残しにくかった。つまり、黒い皮膚をもつ人は、適応度が高かった。とすれば、次世代の集団では、皮膚色の黒い人が増えるはずである。時がたち、何世代も重ねたとき、人類の皮膚は黒くなったに違いない。

しかし、この適応度ですべての進化をうまく説明できるわけではない。その典型的な例が利他行動である。ミツバチには、女王のほかに、その姉妹であるハタラキバチという不妊の階層がある。ハタラキバチは、女王やその子どものために餌を運び、巣をつくり、世話をする。しかし、自分は卵を産まず子孫を残さないのだから、適応度はゼロである。そんな階層が進化したのは、なぜだろうか。

一九六四年、ウィリアム・D・ハミルトン（一九三六〜二〇〇〇年）は、現在の進化学において最も重要な概念である「包括適応度」を提唱した。包括適応度というのは、ある遺伝子が次世代でどれだけ複製されるかの期待値によって表される。これは、一見、適応度と同じに見えるが、微妙に違う。たとえば、ハタラキバチは、自分の適応度はゼロだが、女王やその子どもたちの世話をすることで、自分と遺伝子を共有する女王の子孫を増やしている。次世代に、自分自身で遺伝子を残すより、女王を通じて自分がもつ遺伝子の複製が増えるのであれば、包括適応度が上がることになり、ハタラキバチという階層が進化すると予想される。

このように、彼はそれまで謎だった利他行動の進化を、包括適応度という概念によって、みごとに解決したのである。その業績により、一九九三年、ハミルトンは京都賞を受賞した。

コラム03 *column* 化石人類の成長速度

各種霊長類の研究から、歯の発達は、脳の大きさ、初産年齢、寿命など、重要な生活史のパラメータと強い相関があることが知られている。この法則を使って、最近、歯の発達の様子から、化石人類の成長速度を推定する試みが行われている。歯が体中で一番硬い組織なので、比較的保存がよく、遺跡からよく見つかる。標本数を考えると、一番扱いやすい対象なのである。

歯は、表面のエナメル質と、奥の象牙質からなる。エナメル質は、まだ歯茎に歯の原基が埋もれているころ、エナメル芽細胞が少しずつ分泌して形成される。エナメル芽細胞の活動には、毎日のサイクルがある。いわば、年輪ならぬ日輪である。これを遺跡で見つかる割れた歯の表面から、走査電子顕微鏡や偏光顕微鏡を使ってその線を数えることで、どのくらいの日数で歯が成長するかが分かるのである（Dean et al., 2001）。

また、エナメル質の形成には、九日前後のサイクルがあり、それがレチウスの線条という筋になって見える。これを測って成長を見るやり方もある（Rozzi et al., 2004）。その結果から推定すると、ネアンデルタール人は、一五歳でおとなになったという。

ほかにも、骨の成長の様子から年齢を推定する方法もある。それぞれの方法によって、結果に多少の違いがあるが、ネアンデルタール人の成長が速く早死にだったことは、ほぼ結果が一致している。

いずれにせよ、いろんな成長の指標を各人類で比べていくことで、よりしっかりとした論議が可能になるだろう。

◎ Rozzi FVR, de Castro JMB (2004). Surprisingly rapid growth in Neanderthal. *Nature* 428: 936–939.

◎ Dean C, Leakey MG, Reid D, Schrenk F, Schwartz GT, Stringer C, Walker A (2001). Growth processes in teeth distinguish modern humans from *Homo erectus* and earlier hominins. *Nature* 414: 628–631.

第3章……トイレ

寄生体と病気

山に登ると、清新な空気がすがすがしい。ただ、トイレが完備していないことが多いのが玉に瑕《きず》だ。登山道にある広場のはずれには、きまって「キジうち」（登山者のあいだでの排泄の隠語）のための踏み分け道がついている。休んでいると、ほのかに臭うときもある。

野糞も、人寂しい山中ならまだいい。しかし、最近は登山ブームである。日本百名山といった人気の山では、登山道をじゅず続きになって歩くところもまれではない。こんなに混むと、良質の水に恵まれたところでも、水は飲めなくなる。たとえば、世界遺産になって人気の高い屋久島では、縄文杉の下方は糞尿で汚染され、水が飲めない。ここに限らず、上流に人間の営みがあるところでは、生水を飲むのは禁物である。

生水をなぜ飲めないのか。いうまでもなく、不衛生だからである。水に寄生体が入っているかもしれないからである。

寄生体とは、ほかの生物に取りついて栄養を摂取し生活する生物である。そして、寄生体によって寄生される生物を宿主《しゅくしゅ》と呼ぶ。寄生体が取りつくと、宿主の体調が悪くなるのが通例だ。その程度が大きいと病気になり、ときには死ぬこともある。病気を引き起こす寄生体は、いわゆる病原体である。食べ物や飲み物によって感染する病気としては、赤痢、コレラ、腸チフス、腸管出血性大腸菌O157による食中毒など、細菌によるものがよく知られている。ほかにも、A型肝炎のようにウイルスによるもの、回虫などの寄生虫による寄生虫症など、いろいろある。エキノコックス症や腸チフスのように、病原体を持つキツネやネズミの糞便からうつることもある。また、日本住血吸虫やビルハルツ住血吸虫のように、口に入れなくても、幼虫のいる川や湖に入っただけで、皮膚から感染する場合もある。いずれにせよ、上流に人や動物がいる川や湖では、何かの病気に感染しないとも限らないのである。

日本では衛生状態が改善され、これらの病気はまれになった。また医学の進歩で、これらの感染症が、ただちに命にかかわるものではなくなった。だからそんなに恐いとは思われないかもしれない。しかし、抗生物質などの有効な治療法がなかった時代には、しばしば死に至る病であり、非常に恐れられたものである。

寄生体は、宿主や寄生場所に応じて特殊な進化を遂げているとはいえ、生物であることにかわりはない。それぞれが、宿主からより多くの栄養を収奪し、より多く次世代を生んで繁殖を遂げようと工夫している。いっぽう宿主は、寄生体によって損害を受けるのは願い下げだ。寄生体の弱みをついて、排除しようとする。こうして、寄生体と宿主は、まさに命がけで絶えず戦いながら、相互に進化してきたのである。

ウィリアム・D・ハミルトンによれば、メスやオスといった性も、寄生体からの防御機構として生まれたという。寄生体は、特定の宿主の防御機構を突破して寄生する。だから、宿主としては、寄生体から逃れるために、性質を変えて新しい防御法にするのである。しばらくは、それで寄生体を防げる。しかし、時間がたつと、寄生体もそれに対応して、自らの性質を変えて宿主の防御を突破して寄生するようになる。こうなると、ふたたび宿主は、突破されない防御法への変更を余儀なくされるのである。このように、絶えず宿主は逃げ、寄生体はそれを追いかける。ルイス・キャロルの童話『鏡の国のアリス』に出てくるトランプの赤の女王のように、同じ状態でいるためには、精一杯走っていなければならないのである〈コラム04「寄生体と宿主」参照〉。

これからヒトやいろんな動物の糞便の処理法を紹介する。なお本書でトイレとは、ある生物の集団が、自分たちの生活圏の糞便を管理し、衛生状態を良好に保つためにつくった装置を呼ぶことにしよう。

トイレ

日本ではいま、下水がかなり普及してきた。地方に行っても、公共施設では水洗トイレが当たり前になった。しかし、ほんの半世紀前まで、下水が普及しているのは都会の一部だけで、大半がくみ取り式だった。いわゆる「ポッチャン式」である。トイレの便器の下に、糞尿をためる便壺がしつらえてあった。

この手のトイレは、臭気がつきものだった。とりわけ気温の高い夏場には、糞便の発酵が進む。トイレのドアを開けると、ツンと鼻を刺激するアンモニアが充満し、床には便壺からウジがはい上がって、モコモコ歩いていた。ときには床でさなぎになって、成虫がはい出た抜け殻が残されていたものである。

当時、畑のあぜ道を歩けば、いたるところに野壺があり、すえた「田舎臭」を発散していた。昔話で、タヌキやキツネに化かされた人が風呂と間違えて浸かるという、あの野壺である。慣れない暗い道だ

写真●コンゴに住む焼き畑農耕民，モンゴ族の建設中のトイレ．古いものが右に見える．深さ 2 m ほどの穴を掘り，その口を竹と泥でふさいで土饅頭をつくり，直径 10 cm ほどの丸い穴を残す．土の吸着によって，臭うことはない．壁は竹を編んだ骨組みに泥を塗り，屋根は草でふく．赤道州ワンバ村（コンゴ）．

と、化かされなくてもはまってしまう人がときどきいたものだ。この野壺は、糞尿を発酵させるための場所である。これを水で希釈して畑にまき、肥料にしたのである。

化学肥料のない時代には、人糞は肥料として貴重だった。江戸時代、肥取りは農家の副業だった。早朝、近在の百姓は、馬や大八車に野菜を満載して江戸へと向かう。得意先の肥をくみ取り、お礼に野菜をおいた。そして、昼さがりには、糞尿を大八車に満載して帰途についたものである。魚など上等な食事をする武家屋敷や商家の糞便はよい肥料になるので、高額で取引された。糞便にも等級があったのである。

このように、当時世界随一の一〇〇万都市、江戸では、人糞が肥料になって作物が育ち、その作物を人糞の代価にするという、みごとな循環システムが成り立っていたのである。[*1]

こんな日本に比べ、当時のヨーロッパでは、トイレが普及していなかった。たとえば、一七世紀中ごろのフランスでは、「朕《ちん》は国家なり」との言葉で有名なルイ一四世が、権勢をほこっていた。この王様は、パリ郊外に絢爛豪華なヴェルサイユ宮殿を建造し、パリ中心部のルーヴル宮殿から移り住んだのである。

この新宮殿には、便座が用意された部屋があったという。だからといって、水洗トイレなどではない。便座の下に、おまるがセットできるようになっていた。訪問者はおまるを持参し、その排泄物は、従者が宮殿の中庭に捨てた。名園として名高いヴェルサイユ宮殿の庭園は、だから、当時はひどく臭ったはずである。そもそも、ルイ一四世がルーヴル宮殿からの移転を決意したのも、汚物の臭気に耐えられなくなったからだという。

この宮殿にあった便所は、人目を避けてゆっくり排泄するための空間であって、衛生を守るためのものではない。当時のヨーロッパでは、糞便はあくまで汚物であり、自分の家を清潔に保つために、道路など公共の場所に捨てるべきものだった。街角には、いたるところに生ゴミや人糞が転がり、町じゅうにふんぷんたる臭気が充満していたのである。

少しコメントしておくと、ヨーロッパでは、どの時代のどの地域でも、トイレがなかったというわけではない。たとえば、ローマ時代のオスティアという町には、公共の水洗トイレがあったという。そんな風習も、ヨーロッパでは、停滞した中世のあいだに、すっかり忘れ去られてしまったのだろう。

トイレについてウンチクを傾け出すと、これはきりがない。精神分析学を創設したS・フロイトは、ヒトの発達の段階に「肛門期」を設定した。子どもは、うんちが好きな時期を経るのである。わたしも、うんちについて、わたしの見る夢や、中国のトイレ、アフリカでの経験など、いろいろ語りたいことがあるのだが、それは別の機会に書くことにしよう。とにかく人間は、糞についての話がとりわけ好きなのである。

サル類にトイレはない。いわば、「どこでもトイレ」である。したくなればどこにでもする。ただ、腸が活発に動くようになるためか、目覚めるとすぐに脱糞することが多い。泊まり場の木の幹からちょっとお尻を差し出し、ぼた、ぼた、と糞を落とす。だから、泊まり場周辺の地面は、糞で汚染される。

しかし、それでも衛生面の問題が生じることはない。なぜなら、サルは毎日泊まり場を変えるからである。泊まり場として手ごろな木や崖は、どこにでもあるわけではないが、行動域のなかに何十カ所かはある。いろんな泊まり場をめぐっていくので、同じ泊まり場を使うのは、たいがい一カ月くらいたってからになる。そのころまでに、以前の糞は虫や細菌に処理されてしまい、衛生上の問題点が解決されているのである。

これは、餌の場所が散在していて、たまたま泊まり場が毎日変わってしまうからだ、というのではない。オリーブヒヒのように、サバンナに棲み、岩場を泊まり場にしているサルでは、あまり適当なところがなくて、同じ泊まり場を使った方が近いときもある。それでも、わざわざ遠くの泊まり場まで行く。つまり、サルたちは、同じ泊まり場を使うときの、衛生面でのトラブルを避けているのである。

哺乳類の糞の使い方

コンゴ東部のカフジビエガ国立公園を訪れたときのことである。この公園は、アフリカ大陸が裂けつつある大地溝帯のただ中のサバンナにある。わたしは、川から斜面を登ったところにあるゲストハウスのハット風キャビンに泊まった。

夜、気持ちよく眠っていると、妙に外が騒がしい。何事かとカーテンを開けて窓越しに見ると、窓いっぱいに大きなカバの尻がせまっている。カバは、肛門から糞をぼたぼた落としながら、しっぽをめまぐるしく左右に振り、あたり一面に糞をまきちらしていたのである。

朝起きて、あらためて見ると、わたしのキャビンの窓外には、いたるところに小さくちぎれたカバの糞が落ちていて、足の踏み場もない。草食獣の糞は、雑食獣や肉食獣のような悪臭がなく、むしろ芳香がただよう。だから、きのうキャビンに着いたときには、カバのナワバリのまっただ中だということに気づかなかったのである。

カバのオスは、自分のナワバリを主張するために糞をする。[*2]「おれのナワバリに入るなよ」とのメッセージを、ほかのオスに向けて発信しているのである。だから、糞をする場所は、だいたい決まっていて、水辺から採食する草地へ向かう道筋に点々とある。このように場所が限られているとはいえ、脱糞はコミュニケーションのためのもので、衛生面の配慮がまるでないから、これをトイレと呼ぶわけにはいかない。

山道を歩いていると、けもの道が行き交う尾根のど真ん中に、ときどき直径三〇センチメートルくらいの糞を積み重ねた山がみつかる。ときには、そんなかたまりが何カ所もあって、直径一メートルにも広がっている。タヌキのため糞である。行動域の中に何カ所ものため糞場があり、タヌキは、そのうちのいくつかを使う。それぞれのタヌキが使う場所は決まっているが、同じ地域に棲んでいるタヌキがみんな同じため糞場を使うわけではない。どんなルールのもとに、どのため糞場を使うのか、まだ分かっていない。おそらく、ため糞場は、臭いを通して会話をするクラブのサロンなのだろう。「あの木の果実は熟してきたぜ」「そうか、おれも食いに行こう」「わたし、赤ちゃんを産める状態になったわ」「おれは強いぞ、セックスしようよ」などと、会話しているのだろうか。

だがこれは、病気の感染のおそれなど衛生面の問題が解決されていない。形のうえでは共同トイレに似てはいるものの、その持つ意味はかなり異なっているようである。

巣穴を持つ動物は数多い。トラ、オオカミ、リカオン、ハイエナ、アナグマ、アライグマ、アナウサギ、ヒョウ、ネズミなどなど、枚挙にいとまがない。いずれも、生まれたときには目も開いていない未熟な赤ちゃんを産む動物である。これらの巣穴は、赤ちゃんを敵から守るシェルターであり、休息するねぐらでもある。そして、清潔に保つため、巣穴では糞をしないのが原則である。赤ちゃんのした糞は、原則として親が処理をする。

ことわざに、「虎穴に入らずんば虎児を得ず」などという。トラは、岩穴などを巣にする。[*2] もっとも、必ずしも「虎穴」ばかりではなく、草やぶの中や倒木の下など、ちょっと隠れる場所であったりする。だから、この巣は、シェルターとしての機能が万全ではない。あくまで、子育ての場なのである。

トラは、オスもメスも単独で生活をする。だから、子育ては、すべて母親の責任だ。一回のお産で数頭の赤ちゃんを産む。トラの赤ちゃんは、未熟な状態で生まれてくるので、母親は、つきっきりで赤ちゃんの世話をしなければならない。秘蔵している金品のことを「虎の子」というのは、トラの母親が子どもを大切にすることからいわれるようになったのである。だから、たとえ虎穴を見つけてもそこに侵入して虎児を得るのは一苦労だ。一歳半になると、子どもは少し自分でもエサをとるようになる。

トラは、オスもメスも、それぞれナワバリをもっていて、同性からそれを守る。メスのナワバリは狩りをする領域だが、オスのナワバリは数頭のメスを占有する領域である。同じナワバリでもその意味が違っているのである。現生最大のネコだけあって、一頭のメストラのナワバリの広さは、二〇平方キロメートルにも達する。

ナワバリをもつ動物は、何かの形で、自分のナワバリであることを、ほかの個体に知らせる必要がある。とりわけ森の中に大きな領域を持っていると、侵入してくるものがいても、それを直接攻撃して撃退するわけにはいかない。だから、糞尿や臭い腺の分泌物で臭いづけをする動物が多い。

トラも、自分のナワバリを主張するため、肛門にある腺の分泌物で臭い付けした尿や糞を、茂みや岩に塗りつける。これがあまり古くなっていたら、ナワバリの主が不在と思われてほかのメスに侵入されてしまうから、定期的に見回らなければならない。たとえ授乳中でも、子どもを巣穴に残す危険を冒してでも、糞をしに行かなければならないのである。

このように、糞尿は、ナワバリを主張するための、いわば「言葉」として使われているのである。

オオカミも、トラと同じようにナワバリの周縁部に尿や糞をする。これは臭いづけ行動と呼ばれ、ナワバリを敵から守るためのものである。糞尿の臭いから、年齢、性別、発情状態、活動状態など、そのナワバリの主にまつわる多彩な情報を伝えるのである。もちろん、健康状態も伝わるだろう。もしこの糞に病原菌が混じっていたときには、嗅ぐだけならただちに病気が感染するわけではなくても、ある程度の危険はまぬがれないだろう。

イヌの遺伝子を調べると、オオカミとほとんど同じだという。つまりイヌは、ごく最近家畜化されたのだ。基本的なところでは、行動がオオカミと似ている。たとえば、赤ちゃんオオカミを飼えば、とても人になつく。これは、オオカミは未熟な状態で生まれ、母親や兄弟姉妹などの世話を受けながら育つ。だから、「甘える」という習性をもっているのである。

オオカミの赤ちゃんは、すぐには自分から巣を出て糞をしに行けない。どうしても巣のなかに糞をする。この糞は、母親や育児を手助けするヘルパーが口にくわえて、巣の外に捨てるのである。巣の中はつねに清潔にする必要があるのだ。

オオカミに近縁のリカオンも、赤ちゃんの糞の処理はお母さんの役目である。メスは、巣穴に赤ちゃんがした糞を口にくわえ、一〇〇メートルも運んで、地面に穴を掘って埋めるという。これを見ても、これらの動物に、巣の衛生状態を良好に保つための行動が、遺伝的に組み込まれていることが分かる。巣をもつということは、それだけ衛生面が大問題になるということでもある。事実、これらの動物の多くが、子どものうちに寄生体による病気で命を落としていくのである。

トイレをもつ動物たち

巣穴がありながら糞は外でするオオカミなどに対して、ポケットゴファー、ハタネズミ、ヤチネズミ、ハダカデバネズミ、モグラ、ヒミズなどの巣穴には、ちゃんとトイレがついている。[*2]

モグラの場合を見てみよう。モグラの生活の場は地中である。地表にはめったに出ない。差し渡し五〇メートル以上もの領域に、直径五センチメートルくらいのトンネルの網目をつくる。そのトンネルをパトロールしては、ミミズをもっぱら食べている。トンネルの途中に、乾いた落ち葉を敷き詰めて居心地をよくした部屋があり、そこが休息場になっている。行き止まりになったトンネルの端にミミズの貯蔵所があり、あるいは糞をするところ、つまり、トイレがつくられている。

モグラは、オスもメスもひとりぼっちで生活しているので、このトイレは共同ではなく個体専用である。しかし、たとえ自分の糞でも、病原体が含まれていれば、自家感染して病気になるかもしれない。モグラのトイレは、衛生状態を良好に維持するためのものだといえるだろう。

メクラネズミ類は、ネズミの仲間だが、ちょうどモグラと同じような生活をしている。違うのは植物食だということくらいだ。やはりトンネルを掘り、根茎や根の貯蔵所があり、繁殖のための巣室があり、そしてトイレがある。

リス型の齧歯類であるヤマビーバーも、多くの時間を巣穴で過ごし、日中外に出ることは、まずない。トンネルの中には巣室があり、ここで眠り、食事をする。食糧倉庫やトイレもある。トンネルは、社交の場でもあり、交尾の場でもあり、また育児の場でもある。

エチオピアやケニアの乾燥地帯に棲むネズミの一種、ハダカデバネズミは、哺乳類きっての珍獣である。その風貌からして珍妙だ。体毛がなく、頭部の目も開いてないから、まるで芋虫に見える。上下の顎先から歯がにょきっと突き出ている。なぜ体毛がないのかは分からないが、そのおかげでシラミなどの体毛につく寄生虫の害から逃れられるという利点がある。

八〇頭くらいの集団で地下にトンネルを張りめぐらせて生活している。ひとつの集団が掘り進めるトンネルは、総延長が三キロメートルにもなるという。

このネズミは、ミツバチの社会にも似た階層のある社会生活を営むので有名である。[*3] 集団には一、二頭の繁殖に専念する女王がいる。その周囲を、配偶者である数頭のオスが取り巻く。残りのほとんどは、繁殖にあずかることなく、土を運んだり、巣をつくったり、エサを見つけて運んだり、トンネルを掃除したりする労働者階級である。女王はとても活動的だ。トンネルを見回り、労働者階級ネズミの監督をする。もし、さぼっている労働者がいたら、押したり突っついたりして働かせなければならない。

このトンネルの中には、モグラと同じように、居住区（巣）や貯蔵庫、それにトイレがつくられている。どこかの国の独裁者が、人民の革命を恐れてつくった地下施設に似ている。このトイレは、集団のだれもが使い、居住空間の衛生を保つ働きをするので、共同トイレだとしてよいだろう。居住区をベッドルームと見なすなら、社会生活を営み、階層があることなど、まるで人間社会のカリカチュアである。

読者の皆さんは、最初、「人間だけがトイレをもっているのは、当たり前じゃないか」と思われたのではないだろうか。われわれ人間には、動物とは違い知恵がある。文化をもち文明を築いた。衛生状態をよくしないと健康に悪いことがちゃんと理屈で理解できる。だから、トイレをつくる。これは高度に知的な営みなのだと。

しかし、これまで紹介したように、モグラやハダカデバネズミは、とっくにトイレを発明していた。オオカミも赤ちゃんの糞を巣の外に捨てた。巣をもつ動物なら、居住区の衛生状態を良好に保つのは、当たり前だし必須のことなのである。そうしなければすぐに病気になって死んでしまう。だからこそ、生まれながらにしてトイレをつくるすべを心得ているのである。

これに対し、人間は、トイレをつくる習性が遺伝子に組み込まれていない。それぞれの文化の流儀にしたがって糞便の処理をしている。だからこそ近世のヨーロッパのように、道を糞だめにするような不潔な文化まで存在するのである。

わたしは、ピグミーチンパンジーの調査をするため、コンゴの田舎の村に滞在していた。子だくさんの国なので、赤ちゃんを抱えている女性が多い。見ると赤ちゃんは、おしめをしていないのである。下半身はむき出しだ。もちろん、うんちは垂れ流しである。

中国のある地方では、子ども用のズボンは、真ん中のお尻にあたる部分がない。子どもは、ズボンをはいたままでうんちができるのである。うんちはそのまま道に捨てる。

人間の赤ちゃんは、とても未熟な状態で生まれてくる。そして赤ちゃんは、うんちをしたいときにする。しつけられるまで、いちいちお母さんにうんちを教えたりしない。おしめをせずに服を着せるとすぐに汚して不衛生だ。だから、はじめからお尻を出しておくというのは、とても理にかなったこ

写真●盛装したコンゴのモンゴ族の女性と子ども．下着はつけない．小さな子どもはお尻がむき出しだ．赤道州ワンバ村（コンゴ）．

となのである。

しかし、これがイエネコだったらどうだろう。ネコを飼っている方はご存じだと思うが、トイレのしつけはとても簡単だ。生まれたての子は目も開かず、ニャーニャー鳴くだけだが、ひとりで歩けるようになったころ、箱に砂を入れたトイレをつくってやり、しつけると、赤ちゃんネコはすぐにおぼえてちゃんとトイレでするようになる。

イエネコの祖先であるリビアヤマネコは、巣穴で出産する。巣穴を清潔に保つために、赤ちゃんはきちんと決められた場所で糞をする。未熟で生まれ、巣穴をもつ動物なら、赤ちゃんの時からうんちをする場所をすぐ覚えるよう、学習プログラムが遺伝的に組み込まれているのである。

ヒトは、ネコと同じように未熟な状態で生まれ、巣に棲んでいる。それにもかかわらず、赤ちゃんが自分でトイレにも行けず、うんちを垂れ流しにする。だらしなくて巣をもつ動物の風上にもおけない。

ヒトの先祖は、家をもたなかった。獲物を求め、食物を探しつつ歩きまわる生活をしていたのだろう。もちろんトイレもなかった。もよおせばその場で脱糞した。それで衛生面が問題になるほど人口密度も高くなかった。

やがて、住居（巣）をもち、定住するようになった。町をつくり、狭い領域に一緒に住むようになった。衛生状態を考えてトイレも発明した。この状態になって何十万年も経った未来には、人間の赤ちゃんも、小さいうちからトイレでうんちをする習性を獲得するかもしれない。もっとも、いまのままでは、文明のおかげで、赤ちゃんのうんちによって家族の衛生状態が損なわれることがないから、進化するための淘汰圧がかからず、そうならない可能性が高いのだが。

ともかく、ヒトが家に住むようになって、まだわずか五万年しかたっていない。だから、今もって赤ちゃんは垂れ流しをしているのである。

コラム04 寄生体と宿主

column

ヨーロッパや北米に棲むコハクカタツムリは、取り立てて風変わりなところがないカタツムリだ。ところが、ある時、突然変身する。ふだんはほっそりしている角が、まるで色とりどりの芋虫のように膨らんでしまうのである。まるで広告塔だ。その宣伝効果のおかげで、あっという間に鳥に食べられてしまうのである。

このカタツムリは、自分から食べられたいわけでは決してない。こんな風になるというのも、寄生虫のリューコリジウム・パラドキサムのせいなのである。この寄生虫は、このカタツムリを中間宿主にしている。そして生命サイクルを完結するためには、終宿主の鳥の腸管にたどり着いて卵を産まなければならない。だから、中間宿主を鳥に食べられるように、その姿を変えてしまうのである。

寄生体に寄生されないよう、宿主が自分の性質を世代ごとに変えるには、どうしたらいいだろうか。ウィリアム・D・ハミルトンは、寄生体から逃れるために、オスメスという性が生まれたとの仮説を提案した。まず、寄生体に対する武器となる性質をいくつか用意しておく。しばらく同じ武器を使っていると、寄生体もそれを突破するように、自分を変える。そのとき、次の武器を使う。これも突破されれば、また次の武器を使えばよい。武器がつきてきたら、もとの武器に戻ればいい。そのころには、寄生体も突破法を忘れているだろう。性は、こうした武器をうまく選択する機構なのだという。

クジャクのオスは、美しい羽をメスの前に広げて交尾に誘う。この羽が美しければ美しいほど、メスにとって魅力的なのだ。それは、じつは免疫力の象徴なのである。寄生虫に寄生されて元気のないオスは、羽の色がくすんでいて汚らしい。寄生虫に寄生されやすいオスは、「不健康」だ。だから、そんな性質を受け継いだ子どもをつくるより、健康なオスの子をつくった方が、より多くの孫をもつことになるだろう。だからメスは、美しい羽をもつオスを選ぶのである。つまり、クジャクの羽も、寄生虫とのからみで進化したと考えられている。

宿主と寄生体の争いが、権謀術数をつくす仁義なき戦いかどうかは、盛んに議論されている。寄生体学者は、必ずしもこの見解に賛成ではない。というのも、寄生体は、自分の生活の場である宿主を殺してしまっては、元も子もないからである。宿主が死んでしまえば、自分まで死んでしまう。そんなことを続けていたら、次世代を残せないで絶滅してしまうだろう。だから、寄生体としては、宿主を殺さずに、できるかぎり利益を上げた方が有利なはずである。宿主が病気になるのは、寄生体が子孫を残すために一気に大増殖する特殊な時期で、普段は宿主から栄養をもらっても取りすぎず、宿主をあまり痛めつけない。つまり、共生していると考えるのである。

リン・マーギュリスは、細胞内小器官のミトコンドリアや葉緑体、核などは、宿主に寄生体が侵入して共生した結果生じたと主張した。今ではかなり受け入れられた仮説になっている。

このように、寄生体と宿主の関係は、それぞれの組み合わせで、実に多様である。生物は「自然淘汰」によって進化する。ただ、「自然」とは、無機的な環境だけだと考えてはいけない。同種か異種かを問わず、ほかの生き物との関係のあり方の構造こそが、進化をおし進めるうえできわめて重要なのである。

◎ジョン・レニー（1992）「寄生関係が進化と性を生んだ」『日経サイエンス』1992年3月号 112–123頁（原論文 John Rennie (1992). Living together. *Scientific American* January）。

第4章……………巣と寄生虫

害虫と伝染病

夜、気持ちよく寝ていると、虫に食われていることがある。日本では、人間の体液を吸う虫は、以前に比べて格段に少なくなった。しかし、東南アジアやアフリカを旅行するとき、これらの害虫はじつにやっかいである。一流ホテルならいざ知らず、わたしが泊まるのは、たいがい田舎のちっぽけな宿である。虫に食われて眠れない夜もたびたびだった。

わたしが今まで泊まったホテルのなかでいちばん安価だったのは、ウガンダ西部のキバレ国立公園に近いゲストハウスだった。宿泊代は一アメリカドル。さすがに食事はつかないが、それでも宿のおかみさんが、洗いたてのシーツをベッドにセットし、ランプを置いていってくれた。中国製の蚊取り線香も用意してあって、心配りがこまやかだ。これなら、あるいはゆっくり眠れるかもしれない。

この淡い期待が裏切られるまでに、そんなに時間はかからなかった。ようやく寝ついたと思ったら、かゆくて目が覚めた。それも、いちばんやわらかな股間をやられたのである。ダニが皮膚に食い込んで、取り去ろうと思っても取れない。力まかせに引きちぎったら、ダニの頭部が残ってしまったらしい。噛みあとが赤くはれあがって痛がゆくたまらない。股がこすれて痛いから歩くのも一苦労だ。結局、治るまで二週間ほどかかってしまった。

人の体液を吸う虫には、いろんな種類がある。ダニ、シラミ、ノミ、トコジラミなどは、人間の住居や衣服、頭髪などに棲んで人に寄生し、伝染病を媒介する。ヒトは、巣をもつようになってから、常にその害に悩まされてきたのである。

サルは、たがいに毛づくろいを頻繁に交わす。ロリスやガラゴなどの原猿類は、このとき歯櫛《しっ》を使う。歯櫛というのは、下あごの二対の切歯と一対の犬歯の合計六本が、細長く、相互の間に隙間があって、まるで櫛《くし》のようになっているものである。毛をこの櫛でくしけずり、ゴミや害虫を取り除く。

ニホンザルやチンパンジーなど真猿類は、グルーミングするときには、もっぱら手を使う。ちょっとした休憩の時間があると、たいがいグルーミングをしながら、親しさのメッセージを込めたやりとりをする。このグルーミングは、社会的にも、また衛生面でも、非常に大切な行動なのである。

田中伊知郎によると、ニホンザルは、グルーミングによってシラミやその卵を取り去っているという。[*1] シラミは脂肪分が多くうまいらしい。取るとすぐに食べてしまう。しかし、毎日グルーミングをしているニホンザルでも、動きの素早いシラミの成虫を捕るのは、至難の業だという。取り去るものの大半は、毛にしっかりと糊で接着されたシラミの卵である。この卵も食べてしまう。ダニもたまにつくことがあるが、こちらはまずいらしく、取っても食べないという。

寄生虫は、非常に多くの動物に寄生する。寄生されない動物はないといってもいい。もちろん、われわれ霊長類もその例外ではない。じつにやっかいである。それを排除する行動が霊長類に広くみられ、頻繁に交わされることを考えても、その健康被害のほどが分かるだろう。そして、われわれヒトは、「巣」をもつことで、ほかのサルに比べて、害虫の被害を余計に受けざるを得ないのである。

伝染病は、人類が誕生するはるか以前からあったに違いない。人間は、生物として特別なものではないからだ。そもそも、植物がせっかく自分のためにつくった栄養分を収奪して暮らす動物自体が、植物にとってみれば寄生体なのかもしれない。

エボラ出血熱は、ロビン・クックの小説『アウトブレイク――感染』で知られ、その病態の悲惨さと致死率の高さで、人びとを戦慄させた。一九七六年のコンゴにおける流行では、感染者の致死率が実に八八パーセントにも達した。この病気の媒介者は不明だが、もともとどこか熱帯地方の片隅で、未知の宿主動物と媒介者のあいだに受け継がれ、細々と生き残ってきた風土病なのだろう。それが何かの機会に人びとのあいだに一挙に広がり、まさに「アウトブレイク（勃発）」したのである。

世界の片隅で、人びとは、それぞれ風土病をかかえて生活していたにちがいない。病気で一家族が全滅したことも、まれではなかっただろう。しかし、かつて人類は、それぞれの地域ごとに小さな集団をつくって生活していた。病気がたとえある集団で蔓延しても、他の集団へと感染していく機会は、今に比べれば少なかった。

そこへ、数千年前、農業が始まって文明がおこった。人びとは国家という統合された大集団をつくるようになり、集団間の交流が頻繁になった。そのとき疫病が大流行するようになったのである。

人類は、歴史のなかで何度も世界的な規模での伝染病の流行を経験してきた。地中海世界が統一されたとき、疫病が蔓延したとの記録が残っている。ソフォクレス作のギリシャ悲劇、「オイディプス王」の物語にも疫病が出てくる。父を殺し、母と結婚して王になったオイディプスは、領民のあいだに疫病が蔓延し、大いに困った。占い師にその原因を尋ねると、母子相姦のたたりだという。この事実を知った母は自殺し、オイディプスは自らの目をえぐり出して放浪の旅に出る。このように、当時の疫病は、「たたり」や「魔女の呪い」など、当時の人びとにとって理解しやすい呪術的な原因で説明されたのである。

全世界を巻き込む疫病の大流行は、近世になってから始まった。ペスト、マラリア、天然痘（痘瘡）、はしか、発疹チフス、腸チフス、赤痢、コレラ、インフルエンザなどである。これらの伝染病のうち、ペスト、発疹チフス、マラリアは、昆虫を介してうつる病気である。

巣に潜む外部寄生虫

わたしは、幼いころ、ノミが茶の間の畳の上をピョンと跳ぶのを見た記憶がある。母が「ノミ、ノミ」と大騒ぎしながらつかまえ、両手の爪の間に挟んでつぶした。ある年の大掃除の時、ノミを退治するため畳をもちあげ、床にＤＤＴをまいた。それ以降、わたしはノミに食われることがなくなったものである。

ノミは、恒温動物の哺乳類と鳥類に寄生する。動物の巣やゴミのなかで幼虫時代を過ごし、成虫になってから血を吸うようになる。宿主の巣を生活の場にすることから、サルのように巣を持たない動物には寄生しない。

ヒトに寄生するヒトノミも、昼間は床下や畳の下などに潜み、夜になってから出てきて血を吸う。つまり、人間の巣を隠れ家にし、人間から食物をとる昆虫である。奥さんの方がご亭主より大きな夫婦を俗に「ノミの夫婦」という。たしかにノミのメスはオスより大きい。しかし、ノミのサイズは一～三ミリメートルと小さいから、昔の人はノミの雌雄をよく見分けたものだと感心する。よほど目がよかったに違いない。

ノミの名前を見ると、ヒトノミとかネコノミのように、宿主の名前が頭につくものが多い。ノミの種類ごとに、それぞれ寄生する動物がだいたい決まっているためである。とはいえ、ノミの宿主の選び方は、それほど厳密ではない。例えば、ヒトに寄生するのはヒトノミだが、ヒトノミもヒトがいなければネコやイヌなどの血を吸う。その逆に、ネコノミやネズミノミも、ネコやネズミがいなければ、ヒトの血を吸うことがある。そのことが、ペストのようなヒトとネズミに共通して感染する病原体を媒介することにつながるのである。

ペストは、ペスト菌の感染によっておこる。もともとネズミのかかる病気で、ネズミの間で連綿と受け継がれてきた。それが、ヒトにも感染して大流行するようになったものである。ネズミにペストが流行すると、ネズミを吸血するケオプスネズミノミの消化管にペスト菌が入り込む。ペスト菌はそこで増殖し、ヒトにたかって吸血したノミの糞といっしょに排泄される。「かゆいな」とかきむしると、かき傷からペスト菌が入り込んで感染するのである。

ペストの伝播には、クマネズミが重要な役割を果たしたといわれている。インドとヨーロッパや中国との交易が活発になったのにともなって、もともとインドなどに棲んでいたクマネズミが、シルク・ロードを通って分布を拡大し、一三世紀末にはヨーロッパに到達した。そして、ペストもヨーロッパで流行するようになったのである。一四世紀には、中央アジアからヨーロッパ全域に大流行した。このとき全世界で六〇〇〇万〜七〇〇〇〇万人が死亡し、ヨーロッパでは当時の全人口の四分の一にあたる二五〇〇万人が死亡したという。現在では大きな流行はないが、いまでもアジアや南米の奥地のネズミからペスト菌が見つかるので、根絶したわけではない。

ダニは、クモといっしょに蛛形綱《ちゅうけいこう》に分類される節足動物である。三億年以上前に現れたというから、哺乳類よりずっと先輩だ。非常に多様な環境で生活する。そのほとんどは人間と直接かかわらないが、まれに害虫になるものがある。ヒトの体液を吸うダニと、家に棲むダニである。体液を吸うダニには、マダニ類、イエダニ、ツツガムシ類などがあり、また家に棲むものには、イエダニ、チリダニなどがある。

ダニにかまれると、かゆい。蚊に刺されたら、しばらくかゆいけれど、あとは何ともなくなるから、まだいい。ところが、ダニに腕や脚の皮膚一面を食われると何日もかゆい。かきむしると化膿することもあるから、かゆみ止めの薬を塗って、かかないのが原則だ。しかし、ダニに噛まれたかゆみは、一般薬ではなかなかおさまらない。わたしは意志薄弱だから、なさけないことに我慢できなくなってかく。かくと、いっそうかゆくなって、すぐ後悔する。その繰り返しである。

マダニは、家の隅っこで「エサ」が来るのを待ちかまえている。ヒトが来ると皮膚に食らいつく。いったん食いついたら、てこでも離れない。わたしがウガンダで噛まれたのも、このマダニのたぐいだろう。無理矢理取ると頭部が皮膚に食いついたまま残ってしまって、あとが化膿する。イエダニは、ネズミの体液も吸う。だから、退治するためには、まずネズミの駆除から始める。

家のチリのなかに棲むヤケヒョウヒダニやコナヒョウヒダニは、フケなどの有機物を食べる。体液を吸わないから、皮膚に害は及ぼさないが、その糞を塵と一緒に吸い込むとアレルギーの原因になる。ゴキブリの糞なども、アレルギーを引き起こすことがある。人類は家に定住するようになってからというもの、ダニなどの被害を受け続けることを余儀なくされたのである。

ダニのなかには、人間にとって有害な病原体を持つものがある。その代表的なものがツツガムシである。家に棲むわけではないので、本書のテーマからはずれるが、ついでに紹介しておこう。ツツガムシの幼虫は、人やネズミなどの動物に寄生してリンパ液を吸う。林や畑を歩くと、皮膚に取り付く。体内にツツガムシ病リケッチアを持っていて、噛んだ人に重篤なツツガムシ病をもたらすのである。日本では、いま毎年五〇〇人前後の人がツツガムシ病になるという。昔は、発病するとその四割の人が死んでいった。いまでは抗生物質が効くので、すぐに治療しさえすれば、それほど恐れる必要はない。それでも手遅れで全国で毎年数人の犠牲者がでているのである。

トコジラミ(ナンキンムシ)は、体長が五ミリメートルほどの昆虫で、昼間は畳の目、枕、敷物の縫い目、椅子のクッションのすきま、壁や柱のすきまなどに隠れ、夜になると出てきて血を吸う。

トコジラミは、もともと日本にはおらず、江戸時代末に持ち込まれたのだという。いまではほとんど見られなくなった。しかし、わたしはインドネシアの田舎の調査地でトコジラミに何度も刺された経験がある。かみ口が対になっているのが特徴だ。そのかゆいの何のって。

ここまで説明してきたノミ、ダニ、トコジラミは、ふだんは動物の巣に隠れていて、体液を吸うときに、そこからはい出してくる生活をしている。人類は、巣を持ち定住することで、これらの寄生虫に刺され、かゆくて眠れない夜を過ごさなければならなくなったのである。そればかりか、これらの害虫が媒介する伝染病まで抱え込むようになった。ということは、家をもつことにはその欠点を相殺してあまりある利点があったということなのである。

シラミと人類進化

前記の虫たちとは違い、シラミは巣にかかわりがない。だから、この本の主旨からいえば、脇道の話になる。しかし、次章で扱う人類進化にかかわるので紹介しておきたい。

サル類は、お互いによく毛づくろい（グルーミング）をする。むかし俗に「ノミ取り」といったが、先に説明したように、巣のないサルにノミはつかない。実際には、シラミなどの外部寄生虫を取り除く行動である。サル類に寄生するシラミは、すべてヒトジラミ科に属している。

シラミは、発疹チフス、五日熱、回帰熱などを媒介する。大勢の人が、洗濯した衣服に着替えられなかったり、お風呂に入れない状況で集まっていると、シラミが増え、これらの病気が爆発的に流行する。そういった状況の典型が戦争である。発疹チフスは、戦争チフスとも呼ばれ、日本でも、太平洋戦争の終戦前後に猛威をふるったものである。

ヒトに寄生するシラミには、ヒトジラミとケジラミの二種類がある。ヒトジラミは、以前、アタマジラミとコロモジラミの二亜種に分けられていた。それぞれ頭髪に取りついたり、服の縫い目などに潜んで血を吸うように、生活の場所が違っている。発疹チフスを媒介するのはもっぱらコロモジラミである。ところが遺伝子を調べてみると、同じ種類のシラミであり、生態が違っているだけだということが分かったのである。

アタマジラミは、今でもときどき幼稚園や保育園の子どものあいだに流行する。髪の毛を洗うのが嫌いな子にシラミが感染して増え、次から次へとうつる。あるとき、子どもが幼稚園から持ち帰ったプリントを見てびっくりした。「園児のあいだにケジラミが発生しているから注意してほしい」というのである。ケジラミは、陰毛にとりつき、性交渉によってうつるシラミである。いくらなんでも陰毛のない幼稚園児に寄生するわけがない。アタマジラミと混同しているのだろう。

アタマジラミとコロモジラミが、じつは同じ種類だったことは、先ほど述べた通りである。しかし、ことはそれで終わりではない。さらに詳しくＤＮＡを調べてみると、ヒトジラミには、形や生態では区別できないが、一一八万年前に分岐した二系統があることが分かったのである。こんな膨大な歳月になると、読者の皆さんには、実感がわかないかもしれない。人類は、六〇〇万年ほど前に誕生した。

やがて、一五〇万年ほど前になると、ホモ・エルガステルが現れ、現生人類が二〇万年ほど前に誕生している。だから、シラミの二系統が分岐したのは、ホモ・エルガステルの時代だということになる（図4-1）。

シラミは宿主特異性が厳密である。つまり、寄生する宿主が一種類に限定されている。そのため、シラミも、宿主の動物の系統が枝分れすると同じように分岐して、宿主に「寄り添って」進化してきた。たとえば、約六〇〇万年前、人類の系統とチンパンジーの系統が枝分れしたときには、シラミも、ヒトジラミとチンパンジーシラミに分岐した。だから、進化の道筋を示す系統樹を描くと、宿主とシラミのそれは、そっくりになるのである。とすれば、ヒトジラミの二つの系統も、別々の人類の系統に寄生して進化してきたと考えるべきなのだろうか。

ヒトジラミの遺伝子の分析から、人類進化の道筋を検討したD・L・リードらは、ヒトジラミの系統が分岐した一一八万年前に、ホモ・エルガステルの系統も二つに分かれたと推定する。[*2] ひとつがホモ・エレクトゥスの系統で、もうひとつがヒト（ホモ・サピエンス）の直接の祖先になったというのである。ホモ・エレクトゥスは、アフリカからアジアへと生活の場を移し、三万年くらい前まで生息していた。そこへ、二〇万年くらい前にアフリカで誕生したヒトがやって来たのである。

顔も文化も違う二種類の人類が出会ったとき、どのように応対したのだろうか。記録がないのだから、どのみち想像の域を出ないが、その交渉は、友好的というより敵対的なものだっただろう。もしそうなら、なごやかに頭と頭をくっつけて挨拶したときにアタマジラミがうつるとか、衣服を交換してコロモジラミがうつったりしたわけではないだろう。たぶん、取っ組み合いのけんかをしたとか、戦争で殺した犠牲者の頭を抱え込み、脳を食べたときなどにうつったのだ。食人は、ネアンデルタール人やヒトでは、よく見られる行動だったのだから。

ホモ・エレクトゥスは、ヒトと接触してから、ほどなく絶滅した。それまでホモ・エレクトゥスに寄生していた原人型シラミは、宿主がいなくなったので、しかたなくヒトに取り付いた。そして、ヒトに取り付いていたヒト型のシラミの系統を駆逐して置き換わったのである。ヒト原人型のシラミにとりつかれたヒトは、やがてアジアからベーリング地峡を通ってアメリカへと移住していった。そのため、原人型のシラミは、アメリカ大陸に住む人のあいだにだけ見られるのだという。

このクレイトンらの説は、寄生体の遺伝子の分析から、人類の過去の進化の道筋を推定するもので、とても興味深い。人類進化の研究は、これまで時代も地域も別の断片的な化石をどう並べたら進化の道筋を理解できるか議論してきた。そこへ、シラミのＤＮＡを使った全く別の系統の研究が加わったのである。そして、もしその結果が一致すれば、その確からしさが一挙に倍増するのである。

ヒトに寄生するシラミには、もう一種類ある。ケジラミである。英語で crab louse（蟹シラミ）というが、なるほど体の幅が広く、脚が大きくて太く、強大な爪を持っていて、どことなく蟹に似た風貌であ

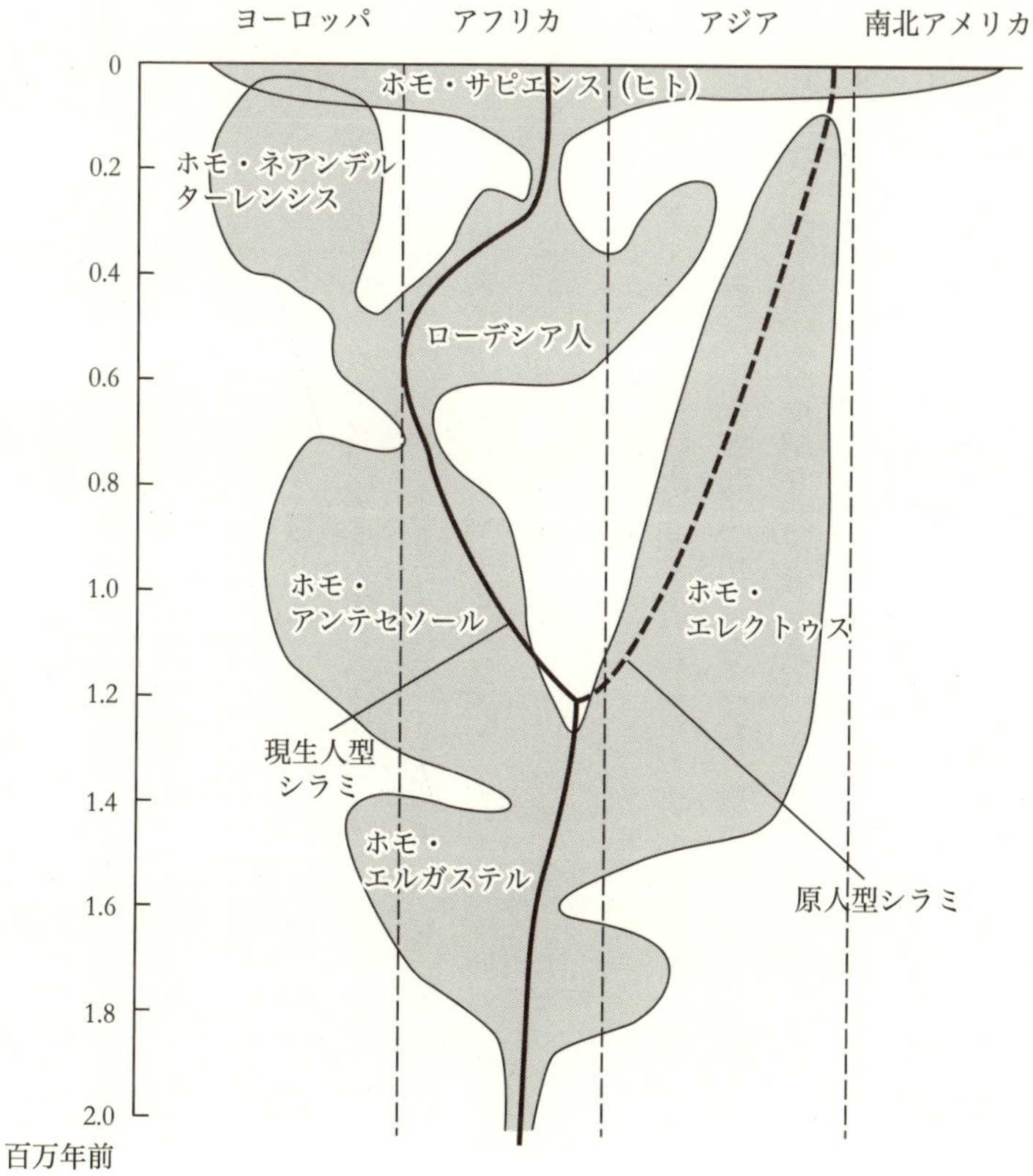

図 4-1●人類の系統と現生人型シラミ／原人型シラミの系統〈Read DL, Smith VS, Hammond SL, Rogers AR, Clayton DH (2004). Genetic analysis of lice supports direct contact between modern and archaic humans. *PLoS Biology* 2: 1972–1983.〉

る。

ケジラミは、もっぱら陰毛に棲む。一生陰毛にしがみついて過ごし、離れて活動することはない。だから、ケジラミが宿主を換えるチャンスは、陰毛と陰毛が接したときに限られる。まれに髭にも寄生するが、これは男性が自分の髭を女性の陰毛にこすりつけたとき、うつったに違いない。そう、ケジラミは性交渉によってうつる一種の性病なのである。

考えてみると、人間以外のサルでは、陰毛と体毛の区別がない。頭から陰部、しっぽの先まで、毛が途切れなく生えている。同じ場所で同じような生活をする近縁の二種の動物は同居できないというのが、生物界の大原則だ。とすれば、ケジラミがヒトジラミと共存しているのは、ヒトが「裸のサル」になって頭髪から独立した陰毛の「島」ができた後に、近縁の類人猿からケジラミがうつってきたに違いない。

では、いつごろケジラミが人類に寄生するようになったのだろうか。これが分かれば、人類がいつごろまでに裸になったかを推定する根拠になる。次の第5章では、ホモ・エルガステルがサバンナに進出したとき裸になったとの定説を紹介しているが、だれも見た人はいないから証明が難しい。これが分かれば大発見だ。

ケジラミとヒトジラミは、その遺伝子の分析から、今から一一五〇万年ほど前に系統が分岐したのが分かっている。これは、人類、チンパンジー、ゴリラの共通祖先がオランウータンの系統と分岐した一四〇〇万年前に近い。それなら、人類の祖先がヒトジラミをもっていて、後に「裸のサル」になった人類が、何らかのきっかけでオランウータンのもつシラミに寄生されたのだろうか。

これは、オランウータンにつくシラミがケジラミかどうか調べれば、すぐに分かるはずである。ところが残念なことに、オランウータンのシラミを研究した人がないのでよく分からない。

ただ、実際のところ、ことはそんなに単純ではないようだ。というのも、チンパンジーとゴリラのシラミは系統がちがうからである。つまり、チンパンジーにたかるシラミは、ヒトジラミと同じペディクルス属なのに対して、ゴリラにたかるシラミは、ケジラミと同じプティルス属に分類されているのである。ゴリラと、チンパンジーと人類の共通祖先が、六五〇〇万年ほど前に分岐している。したがって、もしシラミの分類が正しいのなら、どちらかのシラミの系統が、チンパンジーとヒトの共通祖先とゴリラの系統が分かれた後に、未知の類人猿とともに進化してきたシラミが、どちらかの系統に寄生するようになったことになる。

これを説明するひとつの仮説が考えられる（図4－2）。つまり、一一五〇万年前、人類やゴリラ、チンパンジーの祖先と未知の類人猿の系統が枝分れしたのである。それに伴って、シラミの系統も、人類の祖先にたかるヒトジラミの系統と、未知の類人猿にたかるケジラミの系統とに分岐した。今から七〇〇万年前、ゴリラと、ヒトとチンパンジーの共通祖先が枝分かれした。そのあとで、ゴリラとケジラミをもつ類人猿とが接触したのである。シラミの宿主特異性を考えると、ちょっと考えにくい事態

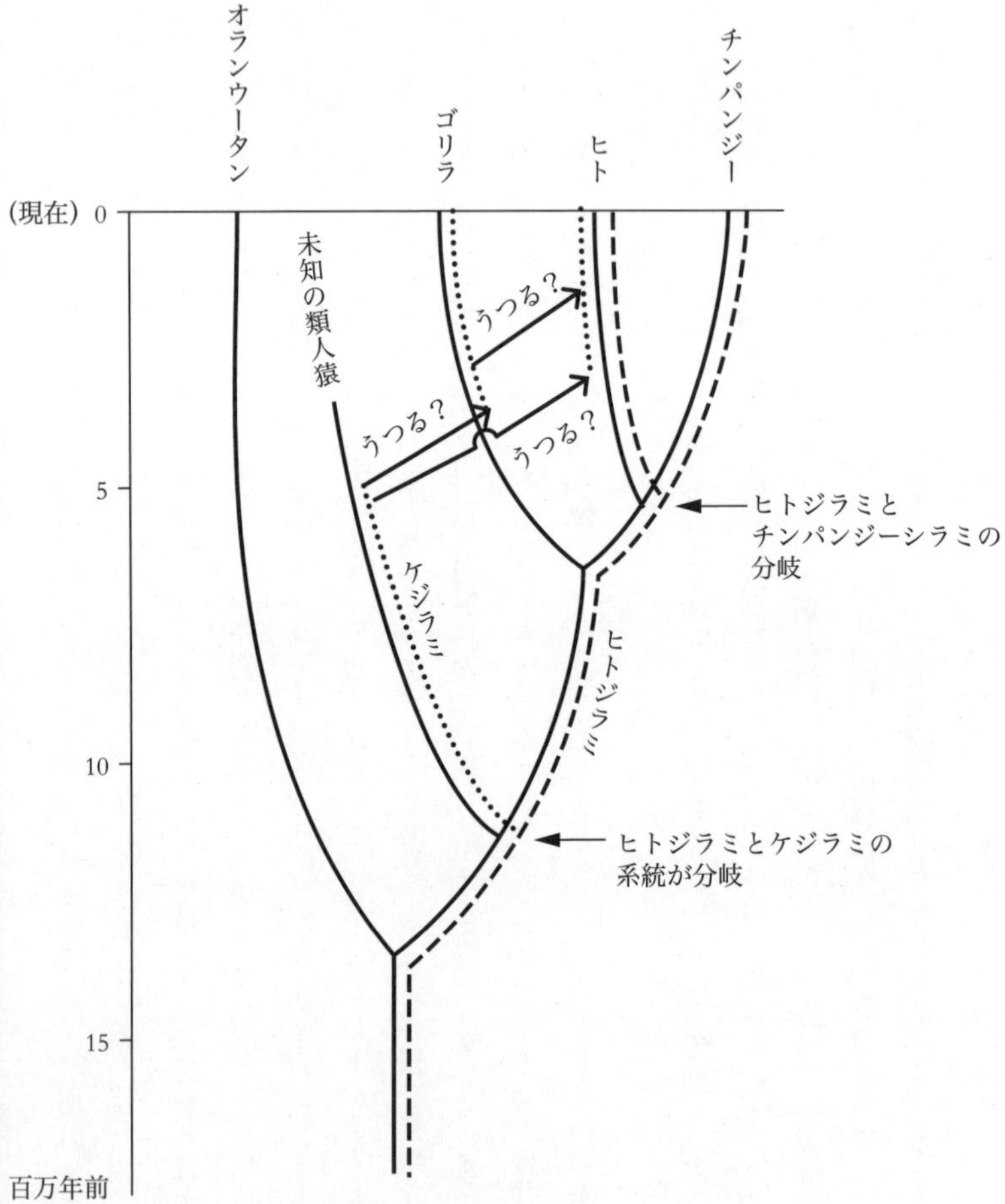

図 4–2●類人猿の系統とケジラミの系統の仮説.
……：ケジラミの系統, ------：ヒトジラミの系統.

写真●おとなのオスゴリラ．下生えの多い森に住み，もっぱら植物性の餌をとっている．カフジ・ビエガ国立公園（コンゴ）．

だが、ケジラミは、ヒトジラミの系統を駆逐して、ゴリラに取りついてしまったのである。人類の祖先の系統は、チンパンジーの系統から分岐し、やがて頭部と髭、腋下、陰部を除いて毛が細く短くなった。こうなってから、祖先の人類が未知の類人猿か、あるいはすでにケジラミの系統をもつゴリラに接し、陰毛にケジラミをもらった、というのである。もちろん、人類の祖先が最初ケジラミを持っていて、あとからアタマジラミをもらったという仮説も同様に成り立つが、こちらの方がことは煩雑になる。

ここで簡単に「もらった」と書いたが、実際にシラミがうつるためには、毛が物理的に触れる必要がある。アフリカのガボンやコンゴ共和国（ブラッザビル・コンゴ）の森では、野生のゴリラとチンパンジーが共存している。同じ森に棲んでいるからといって、しかし、仲間のように毛づくろいしたり触れ合ったりすることはない。ことさらけんかをしないまでも、避けあって生活しているのである。これではシラミはうつらない。

ヒトの祖先の場合でも、ゴリラか、または未知の類人猿と、毛づくろいしたりして触れ合う機会があったとは考えにくい。ただ、エサをめぐって取っ組み合いのけんかをして、その類人猿を股間に組み伏せたのかも知れない。現生のアフリカ人は、ついこのあいだまで、チンパンジーを狩って食べていた。あるいは、種の壁を超えて性交渉をしたかも知れない。獣姦はヒトにふつうに見られる行動だ。野生のチンパンジーのメスが、ヒヒのオスと交尾した例があるし、ニホンザルのメスがオスイヌと交尾することもある。霊長類に限っていえば、性行動は、必ずしも種のなかに限定されていないのである。

このわたしの仮説のいちばんのウィークポイントは、ケジラミといっしょに進化してきたはずの類人猿が知られていないことである。だからといって、いなかったとも言いきれない。なぜなら、サバンナに棲む現生人類の先祖の化石が見つかるのに、森に棲むチンパンジーやゴリラの祖先の化石は見つかっていないからである。未知の類人猿が森林に棲んでいたのであれば、まだ化石が見つからないだけなのかもしれない。

遺伝子を詳細に解析すれば、この仮説を確かめることができるのだが、それは将来の研究にまかせるしかない。ともあれシラミという寄生虫の進化をつぶさに調べることで、過去の人類の進化や行動がほのかに見えてくるというのは実におもしろい。いまはまだデータがぽつぽつと出始めた段階だが、今後発展してほしい分野である。

第5章 家の誕生

ベッドをつくる大型類人猿

類人猿たちは、もっぱら樹上で過ごし、おもに果物を食べている。われわれヒトは、ちょっと毛色が違っているが、まぎれもなくその仲間である。類人猿たちは、中新世の中ごろまで大いに繁栄したが、新型のオナガザル科のサルとの競争に負けてその多くが絶滅していった。現在まで生き残った類人猿は、小型のテナガザル類と、体の大きな大型類人猿に分けられる。よりヒトに近いのは後者で、チンパンジー、ピグミーチンパンジー（ボノボ）、ゴリラ、オランウータンの四種がいる[*1]（図5−1）。

大型類人猿たちは、どの種でも例外なく第1章の冒頭で紹介したメガネグマのものに似たベッドをつくる。木に登り、手ごろな枝先に行き、ポキン、ポキンと枝を折って内側に曲げ、直径一メートルちょっとの枝葉のかたまりをつくる。夜はここに横たわって一晩を過ごすのである。枝がしなってクッションになり、寝心地はよさそうである。昼寝用のベッドもつくるが、夜用に比べてずっと簡単なつくりだ。適当に数本の枝を折り曲げて横になる。寝心地が悪ければ、後から枝を折り曲げて追加すればいい。

霊長類学者は、このベッドを「巣」と呼ぶ。たしかに、森の中で、類人猿がつくった「巣」を下から見上げると、巨大な鳥の巣のように見えなくもない。しかし、雨露も防げないし、隠れ家にもならず、子育ての場でもない。休息用の使い捨て簡易ベッドである。シェルターとしての機能を果たしていないから、ここではやはりベッドと呼んでおこう。

わたしがピグミーチンパンジーを観察していたときのことである。夜明け前の森に分け入って、集団が泊まった木の下に行った。赤道直下の鬱蒼とした原生林である。樹高五〇メートルを超える卓越木を交えて、枝葉は三、四層に重なり合う。彼らはその中層にそれぞれベッドをつくる。森は日中でもうす暗いのに、まして日が昇る前である。ほとんど暗黒のなかでわたしはたたずむ。と、上方三〇メートルあたりのそこここで、ざわざわと枝が動く。巣の横から、シルエットになったピグミーチンパンジーの顔がのぞく。そして、どさ、どさ、と音がする。糞をしているのだ。朝起きると、腸の活動が活発になるから、もよおすのだろう。

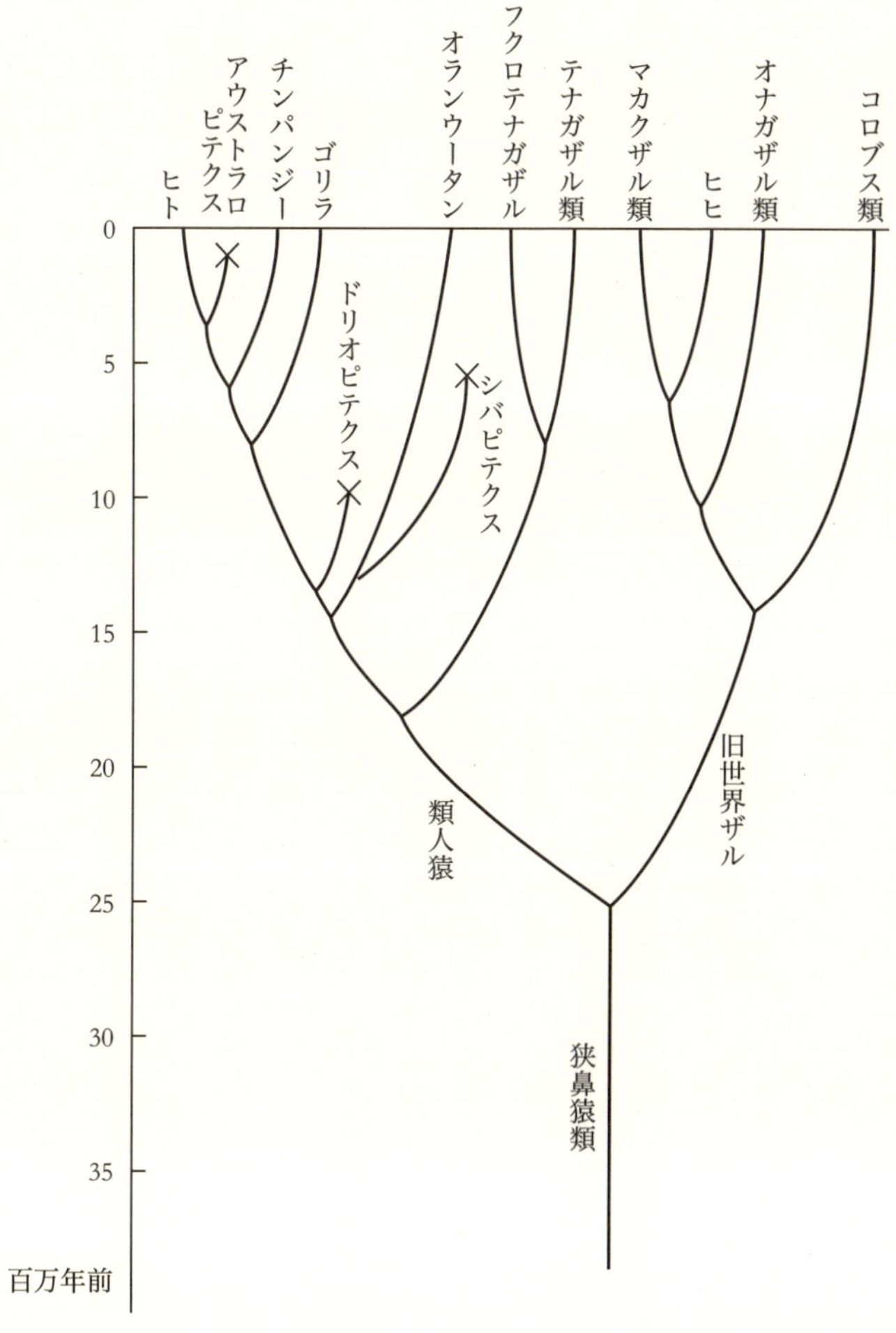

図 5–1●類人猿の進化〈Stewart and Disotell (1998) の図を改変〉×：絶滅

わたしは、この糞爆弾の直撃を食らったことがある。うす暗がりのなかで動きまわるピグミーチンパンジーを、首の痛さをこらえつつ双眼鏡で真上を見あげ、観察していたときのことである。不意に左耳をガツンと殴りつけられたようなショックを受けた。そして、プーンと臭う。その時まず思ったのは、「臭いが人糞と同じだ」ということだった。それだけヒトに近縁なのだ。調査基地に戻って水ですすいだが、耳の穴の中まで入り込み、なかなか臭いが消えなかったのには閉口した。

すべての大型類人猿がベッドをつくるのに対し、小型の類人猿、テナガザル類は、ベッドをつくらない。約一八〇〇万年前に、テナガザル類と、大型類人猿の共通祖先の系統が分岐した後で、一四〇〇万年前にオランウータンが分岐するまでのあいだに、大型類人猿の祖先がベッドをつくるという習性を開発し、遺伝的にも固定されて連綿と受け継がれてきたのである。

動物園で生まれ育ったチンパンジーに、布や草など適当な材料を与えると、野生のチンパンジーのものほどしっかりとしたものではないが、コンクリートの床の上にちょっと乱雑なベッドをつくる。野外で学習する機会がなかったのだから、ベッドづくりは遺伝的な背景のある行動だと思われる。野外のものと材料が違うのだから当たり前といえば当たり前だが、このベッドのつくりはおざなりで完璧にはほど遠い。ベッドづくりにも学習がもちろん必要なのである。

読者の中には、チンパンジーには知恵があるから、寝心地をよくするためにベッドをつくっているだけではないか、と疑問に思う方もおられよう。しかし、どんなに材料を与えても、大型類人猿以外のサルがベッドをつくることはない。やはり遺伝的に決まっていると考えた方がよいだろう。ただ、遺伝子が巣をどうつくるかまで決めているとは考えにくい。わたしは、横たわってベッドに接触しているときに、精神的な「安らぎ」が得られるのだと考えている。こんな心的装置は、遺伝するにちがいない。それが、結果として「ベッドづくり行動」を引き起こすと考えるべきだろう。

オランウータンは、雨が降ってくると、よく大きな葉を折り取り、手で頭の上に支える。カサである。ベッドをつくって眠っているとき、雨が降ってきたとしたら、ベッドの上にカサをつくりつけにするまで、もう一息に思えるかも知れない。もしそんなものをつくったら家と呼べなくもない。しかし、しょせん使い捨てのベッドである。彼らには、わざわざそんな労力をかけてまで毎日家をつくることなど考えもつかないだろう。

動物園には、よくニホンザルのサル山がつくられているから、その行動を観察した方も多いだろう。見ていると、サルたちは、思い思いに毛づくろいしたり、遊んだりしている。実にいろんな姿勢をとる。寝そべったり、座ったり、二本足で立ったり、四つ足で走ったり。原則として、移動のときは四つ足だが、夜寝るときには座っている。

野生のニホンザルは、木の枝に泊まる。その尻には坐骨のところに皮膚がかたくなった一対の尻だこがある。それを枝に乗せて座り、背をまるめ、足で枝を軽く押さえて夜を過ごすのである。木の実を食べたり、樹上で休憩するときも座っている。つまりサルは、体軸を立て体の上に頭を乗せた姿勢で、多くの時間を過ごすのである。

こんな姿勢でいると、重い頭を支えるためには、頭の真下で頭を支え、バランスをとるのが一番楽である。アフリカの人たちが頭の上に荷物を乗せて運ぶのと原理は同じである。そのためサルでは、脊柱が頭を支える部分に開く穴、大後頭孔が、頭蓋骨の真ん中よりにある。もちろん、巨大な頭をもち二本足で立って歩くヒトは、その傾向が一番顕著である。

これに対して、ウシやウマのような四足獣は、一日二四時間、四本足で立っている。昼間はもちろん、夜もいつなんどき捕食獣が襲ってくるかも知れない。シェルターとなる巣もないから、いつでも逃げられるよう、四本足で立っていなければならない。小型のカモシカ類は腹ばいになることもあるが、それも数分だ。ゆっくり横たわって熟睡するわけにはいかないのである。体軸はいつも横向きだし、頭はその前についている。だから、大後頭孔の位置も、頭蓋骨の後ろよりで、重い頭を脊柱につなぎとめるため、首筋の後ろに強大な筋肉がついて支えているのである。

このように、サルはもともと直立姿勢にふさわしい形をしている。しかし、われわれ人間は、サルの仲間だからといって、夜寝るときそのまねはとてもできない。電車や飛行機に乗っているときには我慢せざるをえないが、ふだんは座って眠るなんてとんでもない。電車で居眠りする人を見ていると、こっくりこっくり上体が定まらない。これがサルみたいに細い木の枝の上に座って寝ていたら、あっというまに転げ落ちてしまうだろう。人間は、眠るときには横たわるという習性をもっているのである。

横たわって眠るのは、ライオンのようにほかの者に襲われないものや、オオカミのようにシェルター内で休息する動物が多い。しかし、これには重要な例外がある。この習性は、じつは大型類人猿に共通しているのである。みんな、使い捨ての簡易ベッドをつくり、そこに横たわって眠る。ヒトは、シェルターである家があるから横たわって眠るのではなく、もともとその習性を祖先の類人猿から受け継いでいるのである。

小型の類人猿、テナガザルは、サルと同じように座って眠る。長いあいだ座っていてもお尻が痛くならないよう、尻だこも備えている。だから、ヒトと大型類人猿の共通祖先は、それまでのサルのように座って眠る習性を捨て、尻だこを失い、ベッドに横たわって眠る習性を獲得したというわけである。

祖先の人類の寝床

人類とアフリカの大型類人猿の共通祖先から、七〇〇万年ほど前にゴリラの系統が分かれ、さらに六〇〇万年ほど前にチンパンジーの系統が分かれている。チンパンジーと分かれてからまもなく、直立二足歩行という移動様式の革命を成し遂げ、人類が誕生したのである。[*2] その初期の人類のひとつが、アウストラロピテクス類である。この呼び名はちょっと長ったらしい。ここでは、詳しい説明が必要なときを除いて「猿人」と呼んでおこう。

アメリカのドナルド・ジョハンソンを隊長とする調査隊は、エティオピアのアファール三角地帯で、非常に保存状態のよいアウストラロピテクス・アファレンシスの女性の骨を見つけた。意気揚々と調査基地に戻って来たとき、カセットラジオから、ビートルズの『ルーシー・イン・ザ・スカイ・ウィズ・ダイアモンズ』が流れていた。それで、彼女には「ルーシー」というあだ名がつけられたのである。

研究が進むと、この猿人たちは、男女の体のサイズが大きく違っていることが分かってきた。男は身長が一メートル四七センチメートル、体重は六五キログラムくらいだと推定されている。身長の割に体重があるのは、それだけ筋肉質だったのだ。これに対し、女は身長が一メートル、体重が三〇キログラムだったという。

テナガザルのように一夫一妻のサルは、オスとメスのサイズがほぼ釣り合っている。チンパンジーのように複雄複雌群で生活する連中は、オスがメスより大きいものの、その違いは二割ほどに過ぎない。ところが、ゴリラのように一夫多妻の配偶をしている霊長類は、メスに比べてオスがはるかに大きい。そして、一般的にいえば、オスメスの差が大きなサルは、一夫多妻の配偶をしているのである。

ジョハンソンらの調査隊は、ルーシーを発見したのとは別の場所から、おとな九人と子ども四人の、

写真●子どもをおんぶして歩くピグミーチンパンジーの母親．ピグミーチンパンジーは，類人猿のなかで，いちばん形がアウストラロピテクス類に似ている．300 万年以上前のアウストラロピテクス・アファレンシスが，森のなかを歩く姿を想像するときは，ピグミーチンパンジーをモデルにすればよいかもしれない．

一三人分のアウストラロピテクス・アファレンシスの化石を掘り出した。そして、これを「最初の家族」と呼んだ。[*2] この人数は、ちょうどゴリラの家族と同じくらいである。猿人の雌雄差が大きいことを考え合わせると、彼らは、ゴリラ型の一夫多妻の家族集団をつくって生活していたものと考えられる。[*3]

これらの初期の人類たちが生活していた時代は、中新世の末である。中新世は温暖湿潤で、アフリカにも森林が発達していた。猿人の化石は、東アフリカや南アフリカで発見されている。そこは、今でこそサバンナになっているが、当時はけっこう木が茂っていたらしい。人類の化石といっしょに森林に棲むコロブスザルの化石が出てくることからも、それがうかがえる。それに、アウストラロピテクス・アファレンシスは、足の指が長くて枝をつかむことができたことから、木登りが得意だったと考えられている。

猿人たちは、夜をどう過ごしていただろうか。眠っているときに火山が大爆発し、まわりの環境ごと生きながらにそっくり火山灰に埋もれた、などという好都合な化石は出ていないから、状況証拠を重ねて推定するしかない。

まず、祖先の類人猿から受け継いだ習性、つまり横たわって眠る習性は、直立二足歩行をするようになったからといって、変わることはなかったはずである。なぜなら、現生人も、大型類人猿と同じように横たわって眠るからである。しかしこれはきわめて危険ではないだろうか。

仮に猿人が地面に寝ていたとしよう。彼らは体が小さい。初期の猿人には、石器といった鋭利な武器もない。家とか洞窟などのシェルターもない。ときおり捕食獣が、おいしそうな臭いにつられて、猿人家族を訪れる。もちろん彼らは親交を深めるために訪問したわけではない。隙あらば、「血祭りに上げて食ってやろう」と、やって来たのである。それなのに、眠りこけた猿人家族が、まるで食べてくださいといわんばかりに地面に横たわり、無防備な身をさらけ出しているのである。猿人たちは、異様な気配にふと目を覚ます。しかし、「すわっ」とばかり逃げようとしても、横になっていたら、すぐに逃げ出すことなどできないではないか。結局、あきらめて餌食になるしかなかっただろう。これは、どう考えてもありそうにもないシナリオである。

猿人は、二本足で森のなかを歩いていたとしても、眠るときには、祖先の類人猿の習性を引き継いで、木の上にベッドをつくって寝たのではないだろうか。マウンテンゴリラのオスは、体重が二〇〇キログラムと重いから、木登りが難しい。しかし、ここまで体が大きくなると、捕食獣にやられることは、まずない。それで、地面にベッドをつくって眠る。しかし、オスよりはるかに体の小さなメスは、ほかの大型類人猿と同じように、木の上にベッドをつくって眠るのである。アウストラロピテクス類は、体重がメスゴリラの半分もないから、枝が体重を支えてくれるかどうかを心配する必要はない。木の上にベッドをつくって寝ることは十分可能だった。問題は、寝返りをうったとき落っこちないようにすることとぐらいである。しかし、わたしは、寝ていてベッドから落ちたことがない。現生人類も眠っていても、無意識のまま落ちないようにしているのだ。この性質は、もちろん先祖の猿人から受け継いだものだろう。

木の上に寝ても、たまには夜行性で木登りの得意なヒョウに襲われたかもしれない。ヒョウだって、餌を食べなければ生きていけない。そのときはしかたないので覚悟を決めて餌になってやろう。それでも、木登りができないハイエナやライオンからは身が守れる。そうでもしなければ、おちおち眠ってなどいられないではないか。

今から二〇〇万年前、地質年代が中新世から更新世へと代わった。こうした年代の代わり目は、気候が激変し、生物相が様変わりする時期である。更新世は、またの名を氷河時代という。その名前の通りに、南極大陸や北米大陸、ヨーロッパ大陸には、巨大な氷河、すなわち氷床ができた。こうして水が陸地に固定される分、海の水が減った。海水面は最大で一三〇メートルも低下し、日本列島はアジア大陸と地続きになり、日本海は巨大な内湖になったのである。

これに伴って海水温が低下した。海からの水蒸気の供給が減ると雨が少なくなり、陸地の乾燥化がいっそう進んだ。アフリカもその例外ではなかった。中新世のころには豊かな森が広がっていたのに、いまや森が次から次へと消えて行き、まばらに残った木々も野火に焼かれて枯れた。そんなとき、いさぎよく木のある環境を捨ててサバンナに進出し新境地を拓いたのが、パラントロプス・ロブストゥスなどの頑丈型の猿人であり、またホモ属の人類だった。

われわれヒトは、学名をホモ・サピエンスという。ホモ属のサピエンス種という意味である。同じホモ属に分類される最初のメンバーは、二〇〇万年ほど前に東アフリカに出現したホモ・ハビリスである。

一七八万年前には、グルジアのドマニシに、身長が一四〇センチメートルと小柄な初期のホモ・エレクトゥスが住んでいたことが分かっている。歯が一本しかない人も見つかった。歯を失ってから少なくとも一年以上も生きていたというから、家族が持ち帰ったやわらかいものを食べていたのかもしれない。[*4]もしそうなら、弱者へのいたわりが見つかった最古の例となる。

この人たちは、アフリカからやって来たのだろうか。そして東に移動して、アジアのホモ・エレクトゥスになったのだろうか。また、その一部がアフリカに舞い戻って、アフリカ型のホモ・エレクトゥスになったのだろうか。その結論は、もう少し研究が進むのを待つしかない。とにかく、今から一五〇万年前、アフリカには、背の高いアフリカ型のホモ・エレクトゥスであるホモ・エルガステルが住んでいたのである。

ホモ・エルガステルは、アシュール文化の石器を、十万年一日のごとく製作していた。とにかく、どの時代のどの地域をとっても、ホモ・エルガステルの遺跡からは、同じ形の石器が出てくるのである。やがて、ホモ・エルガステルは、少し形を変え、ホモ・ハイデルベルゲンシス（ハイデルベルグ原人）へと進化し、やがてこの系統からホモ・ネアンデルターレンシス（ネアンデルタール人）やホモ・サピエンス（現生人類）が現れることになる（図4-1参照）。

一九八四年、ケニア北部のトゥルカナ湖に注ぎ込むナリオコトメ川のほとりで、ホモ・エルガステルの少年の化石が見つかった。全身のほとんどの骨格が残っていたので、「トゥルカナの少年」として、ルーシーとともに、化石人類のスターになったのである。まだ子どもだというのに、身長は一メートル六二センチに達していた。おとなになったら一メートル八二センチを超えたと推定されている。

手足が長く、背がひょろひょろと高い。これは、サバンナの暑さに耐えられるように熱を放散するためだと考えられている。ホモ・エルガステルは、涼しい木陰で暑さをやり過ごせた森林を捨て、熱帯の太陽が照りつけるサバンナを歩き始めた最初の人類なのだ。熱の放散のため、さらさらした水分の多い汗を出すエクリン汗腺が発達したはずである。このとき人類は体毛を失い、「裸のサル」になった。同時に、強い紫外線から肌を守るため、皮膚は黒かったに違いない。

温帯や寒帯の住人で、寒いときにストーヴから離れられなくなる人は、自分の経験から、哺乳類の体毛は服の代わりで、保温のためのものだと考えがちである。たしかに、高緯度地方に棲む哺乳類は、ふさふさした毛皮を持っていて寒さから身を守る。だからこそ、ミンクやキツネの毛皮が婦人のコートになるのである。しかし、熱帯に棲むチンパンジーなど大型類人猿の毛は違う。保温用にしては粗すぎる。むしろ雨よけのミノなのだ。猿人たちの毛も粗かっただろう。

熱帯でも、森林と違ってサバンナは寒暖の差が大きい。朝は冷え込むこともある。しかし、現生のヒトは、寒さに強いのである。チャールズ・ダーウィンは、ビーグル号に乗って南米大陸の南端、デルフエゴ島に着いたとき、先住民が裸で生活していたのに愕然とした。[*5]この島は、一年じゅう天気が悪くて風が強い。冬には雪も降る。そんな環境でも裸で暮らせるほどヒトは寒さに強いのである。もしホモ・エルガステルが裸になったのなら、このとき、寒冷ストレスへの耐性も身につけたのである。

また、氷河時代だとはいえ、ホモ・エルガステルが住んでいたのは、アフリカである。ボツワナに住む現代のブッシュマンは、家を持っているのに、その家をほとんど使わないという。昼寝するときは、日なたの焼けた砂の上にごろっと横になる。夜は、暑いからと、家に入らずに寝る。外は寒いときには氷点下になるという。これを考えると、サバンナの寒さは裸でもそれほど問題ではなかった。寒さの感覚は生理的な現象だから、現生人に共通だと考えられがちだが、じつは、かなりの程度まで文化的に決まるものなのである。

ホモ・エルガステルたちは、夜をどのように過ごしたのだろうか。アウストラロピテクス類に比べてずっと体が大きくなったし、石器もあったから、猿人ほど食べられることはなかっただろう。しかし、ときには捕食獣にねらわれたに違いない。無防備な状態で眠っていたら危険このうえない。ホモ・エルガステルは毛も生えておらず丸裸だから、まるで食べてくださいといわんばかりである。とはいえ、木もろくに生えていないサバンナだから、樹上に寝るわけにもいかない。

わたしは、彼らが崖で眠ったのかもしれないと考えている。アフリカやアラビア半島の乾燥地帯で生活するマントヒヒやオリーブヒヒは、木がないところでは、崖で眠る。崖の途中の狭い岩棚で、親子が体を寄せ合い、眠りにつくのである。ホモ・エルガステルも、多少とも捕食獣を防げる崖の岩棚で、草でベッドをつくり、家族が裸の体を寄せ合って眠ったのだろう。しかし、眠りこけることはできなかったに違いない。寝返りをうったら、落っこちて死んでしまう。アフリカには、もっぱら岩場で活動するユキヒョウはいなかったが、それでも捕食獣に対する備えは必要だったろう。絶えず神経をとぎすませ、敵の襲来に身構えていたに違いない。この時代の人たちに、安眠はなかったのではないだろうか。

家族で岩陰に寝たネアンデルタール人

ホモ・エルガステルは、ハイデルベルク人へと進化し、さらに脳が拡大した。そして、その一部がヨーロッパへと移動し、ホモ・ネアンデルターレンシス、つまりネアンデルタール人になったと考えられている。[*6] このあたりの詳細は、研究が進んでおらず、はっきりしない。しかし、本書にとってはたいした問題ではない。これに触れずに通り過ぎるだけである。

それぞれ別の地域の三つのネアンデルタール人の骨からミトコンドリアＤＮＡが採取され、現生人のものと比較された。その結果、彼らは、五〇万年ほど前に現生人の祖先から枝分れした人種だということが判明した。この年代に多少の誤差があるにしても、彼らのミトコンドリアが現生人に受け継がれていないことはほぼ確実である〈コラム05「分子時計」参照〉〈コラム06「年代測定」参照〉。

ヒトのオスの習性を考えると、四万年前にヨーロッパに現れたヒトであるクロマニヨン人が先住民であるネアンデルタール人と接触したとき、強制的な性交渉がいたるところで繰り広げられたにちがいない。それなのに、ネアンデルタール人のミトコンドリアが現生人に残されていないというのである。それには、四つの可能性がある。ひとつは、そもそも人種間の性交渉がなかったというものである。第二に、二つの人種の遺伝的な違いが混血児の生殖能力を奪ったため、子孫が残らなかった。三つ目は、混血児ができて子孫も残したが、その子孫の系統が絶えてしまった。そして最後は、クロマニヨン人とネアンデルタール人のあいだに通婚がなく、たとえ混血児が生まれてもその子は母親のもとで暮らした、というものである。第三、第四のシナリオでは、ミトコンドリアは伝えられなくても、ネアンデルタール人の遺伝子の一部は、現生人に受け継がれた可能性がある。

こうして、いろんな想像をふくらませるのは勝手だが、それを示す証拠は今のところ何もない。いずれにせよ、ネアンデルタール人が現生人の直接の祖先でないことだけは確実である。

ネアンデルタール人は、少なくとも二〇万年前からヨーロッパに棲んでいた。当時のヨーロッパは、氷河時代のまっただ中である。巨大な氷床が、ノルウェーを中心に、西はアイルランド、東はシベリアまで広がっていた。温暖で湿潤な間氷期が挟まることもあったとはいえ、その寒さは骨身にしみたはずである。

寒い地方に棲む動物は、より暖かな地方に棲む同種のものに比べて、突出した部分が短く、体が丸っこいのが常である。これをベルクマンの法則という。先ほど説明したホモ・エルガステルの場合とちょうど反対である。体重あたりの体表面積を減らした方が、熱が逃げずに有利なのだ。現生人のあいだで比べてみると、年平均気温が二五度のアフリカのサバンナにすむマサイ族は、すらりと手足が長く背が高いのに対し、年平均気温が零度のスカンジナビア半島北部に住むラップ人は、手足が短く寸胴《ずんどう》だ。ネアンデルタール人は、ちょうどラップ人と同じくらい手足が短く寸胴だった。体のプロポーションで見るかぎり、カナダ北部やグリーンランドなどの寒冷地に住むイヌイット（エスキモー）より、寒さに適応した体つきだったのである。

今から約七万年前、インドネシアのスマトラ島にあるトバ火山が大爆発を起こした。大量の噴煙が舞い上がり、全地球を厚く覆った。おりしも氷河期のまっただ中で、寒冷化しつつある時期である。噴煙が太陽の光を遮ったため、地球の寒冷化が一挙に進んだ。こうして「火山の冬」がもたらされたのである。わが国では、一七八三年、浅間山が大噴火して太陽光を遮り、不作をもたらして、天明の大飢饉をひきおこした。このトバ山の噴火は、この浅間山の噴火など子どもだましに見えるほど巨大で、地球の寒冷化は一〇〇〇年間も続いたという。

ちょうどこの寒さの時期に、ネアンデルタール人は、中近東にまで版図を広げた。当時、この地域にはヒト（ホモ・サピエンス）が住んでいたのだが、ネアンデルタール人がこれに置き換わったのである。これも、ネアンデルタール人が寒さに適応していたからだろう。ホモ・サピエンスは、二〇万年前にアフリカで誕生した。しかし、その後一〇万年以上、寒さのせいでヨーロッパやアジアに進出できず、いわばアフリカに幽閉されていたのである。

窒素には、窒素一四（^{14}N）と窒素一五（^{15}N）の二つの安定同位体がある。肉食動物の体のタンパク質は、窒素一五の窒素一四に対する比（^{15}N/^{14}N）が高くなる。これを指標にすれば、肉食の比率が分かるのである。ネアンデルタール人の骨に残ったコラーゲンを分析してみると、キツネよりこの比が高い値になるというから、かなり肉食に偏っていたようである。[*7] 遺跡から出てくる食べカスの獣骨を見ると、彼らは、シカ、バッファロー、ウマなどの中型動物を狩って生活していた。

ネアンデルタール人は、洞窟や岩陰にしばらく滞在したこともあったらしい。雪が横殴りに吹きつける嵐の日には、風を防いで暖を取れる洞窟は実にありがたかった。しかし、ホモ・サピエンスが洞窟の奥の方まで使うのに、ネアンデルタール人は洞窟の入り口付近だけを使っていた。ニホンザルも、ひどい嵐の時には、木や岩の洞などに身をひそめて難を逃れることがある。吹きすさぶ風から体温を守る知恵は、霊長類ならだれしも持っているものだろう。ネアンデルタール人が洞窟を利用しているからといって、そこで育児をして、子どもたちのためにシェルターとして使っていたかどうかまでは、分からない。だから、これが「自然物利用型の巣」といえるかどうかは微妙である。

おもしろいのは、これらの洞窟が、オオカミ、ハイエナ、ホラアナグマなどに、しばしば乗っ取られたことである。オオカミやハイエナは、集団で襲ってくるからやっかいだ。ホラアナグマというのは、今は絶滅したクマで、体長が三メートルもあったという。ヒグマの仲間なので、きっと獰猛《どうもう》だったに違いない。こんな動物が洞窟にいたら、飛び道具のない彼らに追い出すことは不可能だった。自然物利用型の巣をもつこれらの動物とのあいだで、穴の奪い合いが起こってしまったのである。

ネアンデルタール人が、みな、洞窟に住みついていたわけではない。野外で暮らしたものもいた。遺跡で見つかった骨に、病気の痕跡や、骨折が癒えたあとが見つかることを考えると、弱者の面倒をみる家族のような共同体があったのだろう。しかし、大きな集団をつくったという証拠はない。家族ごとにそれぞれの場所に住んで、近所の獲物を狩って生活していたのだろう。獲物がいなくなれば、また別のところに移動する。

夜になると、家族が茂みなどに集まって体を寄せ合い、毛皮をかぶって火をたき、寒さにふるえ、星をながめながら眠りについたのだろうか。そして、雪や雨が降るときは、岩陰でそれをしのいだのだろうか。ネアンデルタール人は、体が大きく、火を使い、鋭利な石器の武器をもっていた。この勇敢な狩人の家族が寄り添って眠っていると、捕食獣もそうやすやすと手出しができなかったに違いない。

ネアンデルタール人は、遺体を埋葬することもあった。シリアのシャニダール洞窟では、花で遺体を覆っていたという。これは、埋葬の儀式を連想させるが、ネアンデルタール人が何らかの儀式を執り行っていたという証拠はない。何体もの遺体が同じ洞窟から出てくるから、病気で死んだ人を、衛生状態を保つために一括して埋葬したのだろう。埋葬場所は、汚染されたものを管理し、生きているものの衛生状態を保つという役割を果たしていたのかもしれない。

このように、ネアンデルタール人は、家をもつまであと一歩のところまで来ていた。洞窟にしばらく住んだものもいた。ややスマートさに欠けるが、精巧な石器をつくってもいた。脳の大きさは現生人と同等だから、かなり知恵もあったに違いない。われわれヒトにすれば、寒さに震えながら眠れない夜を過ごすより、暖かな家で家族と団らんする方が、どれだけ生活が豊かになることかと思ってしまう。それなのに、ネアンデルタール人は、何十万年にもわたる系統の歴史のなかで、そのあと一歩を踏み超えることがなかったのである。

じつは、これには唯一の例外がある。シャテルペロン文化である。ネアンデルタール人は、ムスティエ文化と呼ばれる様式の石器をつくっていた。彼らの技術は、驚くほど保守的で、時代や場所が変わっても、金太郎飴みたいに、同じ石器をつくり続けていたのである。ところが、彼らが滅亡する寸前の一時期、フランスからスペイン北部には、それまでになかった骨器などをもつシャテルペロン文化(四万五〇〇〇~三万六〇〇〇年前)が花開いた。そして、この文化の末期の遺跡からは、住居跡が見つかるのである。直径三、四メートルほどの円を描く一一個の穴が地面にうがたれていた。この穴にマンモスの骨を立てて柱にし、上部をくくりあわせて、獣皮などで屋根を葺いたのだろう。

この時代には、すでにクロマニヨン人（化石現生人）がヨーロッパに広がりつつあった。クロマニヨン人たちは洞窟にも住んだが、そうでなければ家を建てた。家の中に炉をつくり、凍てつくヨーロッパにいながら、暖かく生活していたのである。先住民であるネアンデルタール人と、新たにヨーロッパに侵入してきたクロマニヨン人とが、どんなつき合いをしたのか分からない。ただ、ネアンデルタール人の遺物は、クロマニヨン人の遺物と混在することがない。ネアンデルタール人の遺物の上に、突然クロマニヨン人の遺物が現れるのである。これを考えると、この二つの人種は、少なくとも仲よく共同体をつくって生活したり、物を交換したりして親しくつきあわなかったことはたしかである。

二〇万年間も、営々と同じ様式の石器をつくり続けてきたネアンデルタール人である。そんなに保守的な彼らが、その絶滅の寸前に突然家を建てるようになったきっかけは、いったい何だったのだろうか。これは、クロマニヨン人の家を見て、そのまねをしたというのが、いちばん素直な解釈だろう。

もしこれが本当なら、きわめて重要な意味をもっている。ネアンデルタール人は、クロマニヨン人の家を見て、「これはいいな」と思ったのだろう。家を建てれば暖かく暮らせるじゃないか。建てるのはちょっと面倒だが、外で寝るつらさを思えば、十分おつりが来る。

もしそう思うのなら、二〇万年以上ものあいだ、なぜ彼らは家を建てなかったのだろうか。それは、家という生活スタイルを知らなかったからである。クロマニヨン人に教えられなくても、もしネアンデルタール人に大天才がひとり出て家づくりを提案しさえすれば、彼らのあいだに一挙に家づくり文化が広まったにちがいない。つまり、ネアンデルタール人は、家をつくる利点やその技術を理解する能力をもちながら、その行動を生み出せなかったのである。この発明能力をもつ天才を生み出し得なかったか、あるいはその発明を伝えられなかったことが、クロマニヨン人との決定的な違いだったのである。

ホモ・サピエンスの登場

ヒト（ホモ・サピエンス）は、二〇万年ほど前、アフリカで誕生した。[*8] ヒトがアフリカで誕生したと考える人類学者たちは、以前からこのころだろうと推定していたのだが、一〇万年前から三〇万年前までの人類化石がアフリカでなかなかみつからず、確かめられなかった。しかし、今では確固とした証拠がある。一九六七年、エチオピアのキビシュで、ヒトの化石が見つかった。その年代は、いったん一三万年前とされたが、二〇〇五年になって、二〇万年前に訂正されたのである。

この年代は、ヨーロッパにネアンデルタール人のいた時代と完全に重なる。だから、ヒトがネアンデルタール人の子孫だということはあり得ない。アジア、アフリカ、ヨーロッパに人類が分布し、相互に遺伝子を交流させながら、それぞれの地域でホモ・エレクトゥスから、ホモ・ネアンデルターレンシスを経て、ホモ・サピエンスへと進化したと考える「多地域進化説」は、かつて人類化石の研究者に支持者が多かったのだが、いまや手痛い打撃を受けたといえるだろう。本書は、ヒトの起源を論ずるのが主旨ではないのでその詳細は他書に譲るが、「アフリカ単一起源説」にもとづいて以下で説明していきたいと思う。

ミトコンドリアのDNAを調べてみると、現生のすべての人類は、二〇万年くらい前にアフリカにいたひとりの女性のミトコンドリアを受け継いでいるという。ミトコンドリアは、女性から女性へと受け継がれる。現生人が、ただひとりの女性の子孫だということから、旧約聖書に出てくる人類最初の女性の名を取って、「アフリカのイヴ」と呼ばれた。このあだ名のおかげで、この説は一般受けをしたが、同時に余計な誤解を招いた。二〇万年前にも、女性はひとりではなく、少なくとも何千人かの女性がいたはずだ。そして、現生人は、ミトコンドリアの遺伝子については、たまたまひとりの女性に由来していても、細胞の核にある遺伝子では、ほかの女性たちのものも受け継いでいるはずである。

ミトコンドリアが女性から女性へ伝えられるのに対し、男性から男性へと受け継がれる遺伝子もある。男性を決めるY染色体に乗った遺伝子である。世界中の各民族のY染色体上の遺伝子を調べてみると、その由来が、三万五〇〇〇〜八万九〇〇〇年前にアフリカにいたひとりの男性に行き着くという結果が出た。[*9] この年代は、あまり新しすぎるので、ヒトの進化のシナリオにどう組み入れたらいいのか、まだよく分かっていない。

この時代のヒトの石器のつくりは、ネアンデルタール人のものと大差がない。エチオピアのアワシュの約一六万年前のヒトの遺跡では、ホモ・エルガステルの時代からつくられ続けたアシュール石器と、より新しいネアンデルタール人のムスティエ文化に似た中期旧石器時代の石器が混在する。しかし、死者を弔う儀式を執り行い埋葬した形跡があったという。儀式は、ヒトが発明した行動だといえるだろう。

ヒトが誕生してから一三万年ほど経っても、壮大なマンネリとでもいうべきだろうか、石器にはほとんど変化が見られない。おそらく、五〇〇〇万日というもの、何の変哲もない日常が続いたのだろう。毎年、新型の道具が発売され、生活がめまぐるしく変化する現代のヒトには、想像もつかない停滞ぶりである。

ヒトはアフリカに暮らしていたが、一〇万年ほど前には、アフリカ北部の砂漠を横切り、西南アジアにも進出していた。そして約七万年前、トバ山が大噴火し、地球に「火山の冬」が到来したのである。当時のヒトには、絵や彫刻などの芸術がない。弓矢や投げ槍などの発明もない。つまり、彼らは確かにわれわれの先祖だし、顔や体つきはそっくりなのだが、ネアンデルタール人を凌駕する知性のひらめきは、ほとんど感じられないのである。火山の冬が来ても、もし家を建てて中に炉をしつらえ暖かく暮らせば、寒さを乗り超えられたかもしれない。しかし、彼らが家を建てることはなかった。そして、西南アジアのヒトは絶滅して、ネアンデルタール人に置き換わった。アフリカにいたヒト（ホモ・サピエンス）も、人口が一万人にまで減ってしまったのである。

火山の冬の時代に、こうして人口が減った人類は、どうもヒトだけだったようだ。ヨーロッパのネアンデルタール人も、アジアに住んでいたホモ・エレクトゥスの子孫も、人口が減ったという形跡はない。また、アフリカの森林に棲んでいたチンパンジーやゴリラにも、その痕跡がない。第4章で述べたシラミの研究でも、当時はアフリカにいたヨーロッパ、アジア、アフリカの人にたかるシラミは、人口（虫口？）が激減した時期があったというのに、ホモ・エレクトゥスからアメリカ大陸に住む人へ宿主を代えたシラミには、その痕跡がなかったという。ヒトは、当時のヨーロッパに比べてはるかに温暖な西南アジアでさえ、火山の冬の時代には生活していけないほど、ひ弱だったのである。

どんな動物でも、生息数が一万頭を切ると絶滅の可能性が飛躍的に高まる。これは、いわば確率の問題である。つまり、自然のくじ引きで、「当たり」がでると生き続けられるが、「はずれ」が出れば絶滅する。人口が少ないと、「当たり」の札が少なくなってしまうのである。ヒトは、七万年前に一万人にまで人口が減り、それから一〇〇〇年間ものあいだ、人口はそのままだったという。このとき、ヒトが絶滅していれば、地球上では今ごろ、ネアンデルタール人やホモ・エレクトゥスが、石器を手に、大地を闊歩していただろう。しかし、現生人のいくつかのグループは、最後まで「当たり」くじを引き続けたのである。ヒトが、この未曾有の危機を脱し、人口が急速に回復したのは、今から六万年前のことだった。

人口の回復が軌道に乗ると、二つの集団が、それぞれ新天地を求めてアフリカから旅立っていった。一つのグループは、南アジアを経由し、オーストラリアに行き着いてアボリジニーになった。他方は、西南アジアへと広がり、さらに、そこから二手に分かれた。一方は四万年前にヨーロッパに行き着いてクロマニヨン人になり、他方はアジアに行ってモンゴロイドになった。モンゴロイドの一部は、さらにベーリング地峡を超え、人類にとって処女地だった南北アメリカ大陸にまで歩を進めたのである〈コラム07「ボトルネック効果と創始者効果」参照〉。

ペンシルヴァニア大学の根井正利は、タンパク質の変異を調べて、モンゴロイドとヨーロッパ人の共通祖先の系統がアフリカ人の系統から枝分れしたのは一一万年前、またモンゴロイドとヨーロッパ人が分岐したのは五万五〇〇〇年前だったと推定している。このように、もともと似通った遺伝子をもつ少数のホモ・サピエンスが、短いあいだに急速に増えて世界各地に分布したため、現生人の遺伝子の変異の幅は、驚くほど小さい。数が減って絶滅が心配されているゴリラの間の変異より、はるかに小さいのである。

後でもふれるように、二〇〇四年、インドネシアのフローレス島で、ホモ・エレクトゥスの子孫であるホモ・フローレシエンシスが発見された。彼らは、身長一メートルほどで、猿人たちより小さいくらいだった。フローレス島の洞窟に住んで、槍で動物を狩って生活していた。驚くことに、今から一万三〇〇〇年前まで生存していたという。ヒトがオーストラリアに渡ったのは、五万年以上前だとされているから、フローレス島を素通りしたらしい。

当時は氷河時代で海水面が下がり、インドネシアのジャワ島は、アジア大陸の一部になっていた。しかし、その時代であっても、ここからオーストラリア大陸に行くには、ロンボク海峡を渡らなければならなかった。多くの動物は海峡を渡れなかった。その結果、動物地理区を分けるウォーレス線が、ここを通ることになったのである。ヒトたちは、嵐とか津波にあって家族の乗った船が流され、いやおうなくオーストラリアに行き着いたのだろうか。それとも、航海術にたけ、海岸沿いに移動して、一挙に緑豊かな新天地に到達したのだろうか。

情報の飛躍とホモ・サピエンス

二〇〇一年、オックスフォード大学のアンソニー・モナコのグループが、言語の遺伝子を見つけたと報告した。FOXP2と名づけられたこの遺伝子が正常に働かなければ、音声言語の習得ができなくなり、話すことも聞き取りも障害され、文法もめちゃくちゃになる。しかし、声は出るし知能は正常だという。この遺伝子を、チンパンジー、ゴリラ、オランウータンなどのものと比べてみると、ヒトでは、二つのアミノ酸が置換する突然変異を起こしていたのである。この遺伝子が突然変異を起こして現生人型になったのは、二〇万年前から現代までのあいだだという〈コラム08「言語の遺伝子」参照〉。

この二〇万年前という年代は、きわめて重要である。そのころまでに、アフリカではヒトが誕生していた。そして、ヨーロッパには、ネアンデルタール人が住んでいた。つまり、ネアンデルタール人は、現生人と同じ言語遺伝子をもっていなかったのである。

現生人は、アフリカ人だろうと、アジア人だろうと、ヨーロッパ人だろうと、それぞれの文法に従って言葉をしゃべり、それを聞いて理解する。とにかく現生人はおしゃべりだ。わたしがピグミーチンパンジーの調査で訪れたコンゴの村では、午後になると、男たちが決まって風の通る涼しい小屋で、酒を酌み交わしながら談笑していた。ヨーロッパのレストランで見かけた人たちも、夕食にたっぷり時間をかけながら、気の置けない会話を楽しんでいた。もちろん日本人も、とりわけ女性は、よく話題が途切れないものだと感心するほど、何時間であろうとしゃべり続ける。

現生人は、この言語能力を等しく分かち持っている。とすれば、これらの人種が分かれる以前に、この遺伝子が突然変異を起こし、強い淘汰圧のもとで固定されたのだろう。

言語学者のノーム・チョムスキーは、いろんな言語の文法規則を調べてみた。すると、本質的な違いはみつからず、極めて均一だった。それで、言語は遺伝的に決められた能力だと主張したのである。また赤ちゃんは、あらゆる音を言葉として学習できるのではなく、先天的に、聞き取れる音韻が決まっていて、そのなかの周囲の人が話す言葉の音韻だけを認識するよう、学習することが分かっている。これらのことは、言語が遺伝子によって決められた能力だということを示している。

このように、遺伝的に能力がセットされているにもかかわらず、言語の際だった特徴は、変異の多さ、変化の速さである。世界中の言語を耳にすると、たかだか五万年くらいの期間で、よくもこんなに千差万別な言語ができたと感嘆してしまう。

こうして世界各地に広がったヒトは、どの地方のどの民族を見ても、すばらしい飛躍を遂げたのである。まず、後期旧石器時代の道具類が出現した。ヒモ、骨製尖頭器、釣り針、銛、投げ槍なども発明され、狩りの効率が飛躍的に高まった。また、貯蔵用の穴、小屋などが建造され、鉱物の露天掘りも始まった。彫刻や壁画、楽器などもつくるようになった。死者を飾り、身を飾ったりするビーズもつくられた。遺跡から赤いベンガラがふんだんに出てくるから、たぶん、それを体に塗りつけて化粧をしたのだろう。また死者を埋葬し、儀式を執り行った。呪術師など、他人の行動を操作する権力者も生まれた。

ヨーロッパに進出したヒトであるクロマニヨン人が家を建造したことは、はっきりしている。木で円錐形に骨組みをつくり、木がないところではマンモスの骨を柱にした。それをたぶん獣皮で覆ったのだろう。家の中には炉をしつらえた。まだ土器はないから、穴をうがち、獣皮で内面を覆い、水を入れて、そこに熱した石を入れて湯を沸かした。

この時期に、社会的な大改革も進行した。それは、非常に大きな集団を統率できるようになったことである。綿密な考古学の研究によって、クロマニヨン人は、集団で狩りをしたことが分かっている。

彼らは数百人の人びとを集め、それぞれ役割分担し、勢子がマンモスやトナカイの集団を崖から追い落として一網打尽にしたのである。複数の住居跡から同じ獲物の痕跡が出てくるので、彼らが獲物を分配したことは間違いない。これだけ多くの人を統合するには、言語が不可欠だったろう。リーダーと導かれるものの階層分化が起こり、同時に、現代の狩猟採集民社会に広く見られる、分配を原則とする平等主義も生まれたのだろう。

やがてヒトは、家畜を飼育するようになり、イネやムギなどの植物を栽培し、青銅や鉄を精錬した。国家や宗教が生まれた。そしてついには、自動車をつくり、テレビやコンピュータをつくるようになったのである。

この変化を一口でいうなら、製作技術やシンボルなどの情報の爆発である。五万年前という時期になぜそうなったのだろうか。脳の拡大や、子ども時代の長さ、言語などに関する遺伝子は、ヒトが出現するのと同時に、あるいはすぐその後に、すでに獲得していた。五万年前に突如突然変異によって手に入れたわけではないのである。

わたしは、そのいきさつを、次のように考えている。五万年前の出来事のなかでもっとも重要なのは、もともと小さな集団だったものが、人口が増え、大集団をつくったことである。これは、ヒトだけに備わった、見知らぬ人とでもつきあえる「許容性」のおかげである。互いに意志を伝えあえる集団は、情報を蓄えるコミュニケーション・ネットワークを形成する。人と人の関係の量は、組み合わせの数に比例する。集団が大きくなると、組み合わせの数が劇的に増え、情報量が飛躍的に増大する〈コラム09「集団と言語の進化」参照〉。

子どもたちは、多くの人と接触し言葉を覚えていく。子どもが増えたから、遊び仲間も増えた。いろんなことに好奇心を抱き、失敗を恐れず、いろいろ試してみただろう。このような、ゆたかな情報がやりとりされる環境は、子どもの脳に刺激を与え続ける。第2章で説明したように、脳が成長しているときに、ゆたかな環境によって刺激を受けると、知能が高くなるのである。しかも、ホモ・サピエンスの子ども時代は長い。こうして脳は、その形には何の痕跡も残さないまま、その機能が飛躍的に高まっていったのである。

脳の機能が高まれば、新たな知識や行動などの情報が、どんどん生み出される。それがコミュニケーション・ネットワーク（集団）のデータベース（伝承）に登録される。この情報がめぐりめぐって、子どもたちに豊かな養育環境を提供することになる。この情報と脳の相互作用の上昇スパイラルが成立すると、情報は幾何級数的に増えていくはずである。

こうして人口が増え、脳の機能が高まると、特別な能力をもつ天才が現れる確率が飛躍的に増す。発明・発見をする大天才は、何世代にもわたる大集団のなかで、一〇〇万人にひとりか、一〇〇〇万人にひとり出ればじゅうぶんである。アインシュタインはめったやたらに生まれはしないが、四〇億人いれば、一〇〇年に一回程度は出てくる。彼の頭脳によって創造された概念は、非常にシンプルな言葉

—— $e=mc^2$ ——ではかの人に伝えられた。そして、天才が築いた新たな物理学の地平は、天才ならぬ幾多の人びとの手でみごとに受け継がれ、時空的に拡大した。これを知った小天才が、原子力発電所をつくり水爆をつくって世に問い、その情報も受け継がれた。今や、物理学の情報の時空が巨大化し、宇宙の根本原理を科学的に解明しようとしているのである。

四万年前の釣り針の発明についても、同じことである。天才が出て発明をする。それが言葉によってホモ・サピエンスの集団に伝わり、人びとはそれが便利なことを理解する。それぞれ工夫してつくり始め、それまでより格段に多くの魚が獲れるようになる。食が豊かになれば、子どもも多くなり、人口が増える。そのなかから、今度は銛を発明する天才が生まれる。

ネアンデルタール人には、このスパイラルは成立しなかった。その証拠に、二〇万年ものあいだ、地域的にも、時間的にも、極めて画一的なムスティエ文化を守り続けたのである。ネアンデルタール人の脳の大きさは、ヒトと同等だから、何万人にひとりくらいは、天才が生まれたかも知れない。彼の思索は、彼を偉大なる原理の発見へと導いた。天才ならぬふつうのネアンデルタール人にも、それを理解する知能があったかも知れない。しかし、彼らは小さな家族集団で暮らし、広く情報が蓄積される大集団をつくらなかった。音声コミュニケーションはしただろうが、概念を伝える言語をもたなかった。言語にしないで $e=mc^2$ をどう伝えたらよいのだろう。こんな環境では、脳と情報のスパイラルが成立するのは、極めて難しい。

集団は、大きくなるとともに、コミュニケーション・ネットワークの範囲が分節化していった。これは、コミュニケーションをするのに、音声言語によるチャンネルを使ったため、必然的に起こる現象である。言語は、声が聞こえる範囲でしか有効ではない。ニューギニアの言語は、もとは同じグループだったのに、今では谷すじごとに言葉が違う。数万年前に東アジアからベーリング地峡を通って北アメリカ大陸に到達し、各地に広がった先住民たちの言葉は、いま四〇〇もの語族に分かれている。それぞれの集団の抱える文化も、互いに交流しつつ、それぞれ変容していったのである。

それ以後の情報の拡大は、まさに幾何級数的である。五〇〇〇年前、文字によるチャンネルが発明され、継承される情報量が、一挙に拡大した。情報を記憶する場所が、脳から外に出たということの意義は大きい。情報が、脳の構造的、機能的な制限から解放されたのである。その後は、五〇〇年前に活版印刷ができて、活字を使うチャンネルが開発された結果、大量の情報が広く伝えられるようになった。そして写真、映画に加えて、五〇年前、新たなテレビというメディアが生まれ、情報量が格段に多い視覚情報が、多くの人びとに提供され、共有されるようになった。そして、インターネットというチャンネルが生まれた。コミュニケーション・ネットワークの範囲がグローバル化し、全世界の膨大な情報が分散しつつ蓄積されるようになったのである。いま、まさにわれわれが情報革命のただなかにいるのを実感する。

コラム05 分子時計

column

一九六八年、木村資生《もとお》は、分子レベルでの進化は、淘汰に有利でも不利でもなく、中立な変異が偶然に集団に広まった結果おこるとする、「分子進化の中立説」を提唱した（木村 1980, 1986, 1988）。この考えは、いまでは広く受け入れられ、進化学の基本的な概念のひとつになっている。この仮説に基づけば、DNAの塩基配列が、自然淘汰にかかわりなく、時間とともに一定の割合で変化する。したがって、その変化量は経過する時間を示すことになる。二つの系統の生物を比べて、どれだけ違っているかを調べれば、二つの生物の系統が分岐した年代を推定することができる。これが分子時計の原理である。実際には、化石などで分岐年代が明確な二種のDNAの違いから、標準的な時計の進み具合を知る作業も必要である。

分子時計を使った研究では、はじめのうちDNAの塩基配列を決めるのが困難だったので、たん白質のアミノ酸配列を分析する研究が進められた。しかし、いまではDNAの塩基配列を分析できるようになった。最初のうちは、取り出しやすいミトコンドリアのDNAが研究に使われた。ミトコンドリアは、細胞活動のためのエネルギーを産生する細胞小器官で、核とは違う独自のDNAをもつ。精子のミトコンドリアは受精卵に入らないので、子どものミトコンドリアは、すべて母親に由来する。したがって、ミトコンドリアDNAは、女性から女性へと連綿と受け継がれることになる。

世界各地に住む人のミトコンドリアからDNAを取り出し、その塩基配列を調べることによって、現生人類が、いつ、どこに棲んでいた女性に由来するかを推定することができる。こうして、われわれヒトのミトコンドリアが、二〇万年前にアフリカにいたひとりの女性に由来することが示されたのである（Cann et al., 1987）。この女性が、アフリカのイヴ、またはミトコンドリアイヴである。

また、ネアンデルタール人の骨から抽出されたミトコンドリアのＤＮＡが、現生人のものと比較された。その結果、ネアンデルタール人は五〇万年ほど前に、現生人の系統と枝分れしたと推定された。現生人のもつＤＮＡの変異の範囲からはずれているし、各地の三つの化石骨から得られた結果がほぼ一致したので、ネアンデルタール人が現生人類の祖先ではないことが、ほぼ確実になった（Krings et al., 1997; Krings et al., 2000; Ovchinnikov et al., 2000）。もっとも、現生人のなかにネアンデルタール人に由来するミトコンドリアＤＮＡをもつ人がひとりもいないかどうかは、現実問題として証明が難しい。

◎木村資生（1980）「分子進化の中立説」『サイエンス』10（1）: 32–42.
◎木村資生（1986）『分子進化の中立説』木村資生監訳、向井輝美・日下部真一訳、紀伊國屋書店。
◎木村資生（1988）『生物進化を考える』岩波書店。
◎ Cann RL, Stoneking M, Wilson AC（1987）. Mitochondrial DNA and human evolution. *Nature* 325: 31–36.
◎ Krings M, Stone A, Schmitz RW, Krainitzki H, Stoneking M, Pääbo S（1997）. Neandertal DNA sequences and the origin of modern humans. *Cell* 90: 19–30.

◎Krings M, Capelli C, Tschentscher F, Geisert H, Meyer S, von Haeseler A, Grosschmidt K, Possnert G, Paunovic M, Pääbo S (2000). A view of Neandertal genetic diversity. *Nature Genetics* 26: 144–146.
◎Ovchinnikov, IV, Götherström A, Romanova GP, Kharitonov VM, Lidén K, Goodwin W. (2000). Molecular analysis of Neanderthal DNA from the northern Caucasus. *Nature* 404: 490–493.

分子時計の原理とその成果は、以下の二書を参照するといい。

◎長谷川政美（1991）『DNAに刻まれたヒトの歴史』岩波書店。
◎宝来聡（1997）『DNA人類進化学』岩波書店。

コラム06 *column* 年代測定

遺物がどの時代のものかを正確に知ることは、化石を掘り出すのと同じくらい大切である。年代の分からない資料は、進化がどう進んだかを解析するときに使えないからである。年代測定法には、相対年代測定法と絶対年代測定法がある。相対年代測定法というのは、遺跡から掘り出される、どの年代にどんな種がいたかが詳細に調べられている化石（標準化石）から、おおよその年代を得るものである。

また、絶対年代測定法としては、放射性同位元素の崩壊を指標にしたものが最も重要で、なかでもカリウム・アルゴン（K/Ar）法と炭素一四（^{14}C）法がおもに使われる。K/Ar法は、火山の噴火などで岩石に閉じこめられたカリウム四〇が、時間とともにアルゴンに変化する割合から求める。以前は一〇万年より古いものでなければ正確に推定できなかったが、今では改良が進み、条件によっては二万年前のものまで測定できるようになった。また微量の結晶があれば測定可能で精度も高いレーザー融解$^{40}Ar/^{39}Ar$法も開発された。本書で紹介したエチオピアのキビシュやアワシュの人類遺跡の年代測定は、$^{40}Ar/^{39}Ar$法によっている。これらの方法は、火山が並ぶ東アフリカの遺跡の年代測定に最適だが、火山のない南アフリカでは使えない。

また五万年前より新しいものでは、^{14}C法がもっぱら使われる。これは、炉の跡の炭など炭素を含むものが出れば、測定が可能である。このほかにも、フィッショントラック法やウラン系列法、古地磁気法など、いくつかの方法があり、それぞれの遺跡の事情に即して用いられている。

コラム07 ボトルネック効果と創始者効果

column

われわれヒトは、モンゴロイド、コーカソイド、ネグロイドなどの「人種」に分けられる。欧米が植民地主義一色だったころ、ネグロイドがヒトとは別種だといわれたことすらある。こんな分類はもちろん社会的なもので、科学とは縁もゆかりもない。ヒトは、生物学的にはホモ・サピエンスという一種である。そればかりか、数が減って絶滅が心配されるゴリラに比べても変異が小さく、ヒトは遺伝的に極めて均一なのである。これは、六万年ほど前、祖先のヒトにボトルネック効果と創始者効果の両方が起こったためだと考えられている。

ヒトには、A、B、AB、O型という血液型がある。これは、A、B、Oという三つの複対立遺伝子の支配を受けているからである。このように、集団全体では、ひとつの遺伝子座に、いくつかの遺伝子型をもつことが多い。集団全体がもつ遺伝子型の数は、突然変異があったり、自然淘汰やランダムな過程で増えたり減ったりする。そして、ある期間に遺伝子型が消え去る確率は、人口に反比例する。だから人口が減ると、集団全体でもつ遺伝子のバラツキが小さくなるのである。この現象を細くなったビンの首にたとえて、ボトルネック効果と呼ぶ。アフリカのサバンナに棲むチーターは、何度かのボトルネックを経た結果、どの個体をとっても遺伝的に同じクローンであることは、よく知られている。

また、もともとの集団を離れて小さな集団が移動し、新天地で人口がどんどん増えたときも、出発点での遺伝子の変異が小さいので、その子孫の遺伝子のバラツキが小さくなる。これを創始者効果と呼ぶ。

ホモ・サピエンスは、七万年前の火山の冬から一万年ものあいだ、人口が極端に減ったと考えられている（Ambrose, 1998）。そして、気候が多少とも温暖になった六万年ほど前、いくつかの集団がアフリカを旅立ち世界各地に散らばった。こうして、ふたつの効果があいまって、現生人の遺伝子のばらつきが非常に小さいのだと考えられているのである。

◎ Ambrose SH (1998). Late Pleistocene human population bottlenecks, volcanic winter, and differentiation of modern humans. *Journal of Human Evolution* 34: 623–651.

コラム08 言語の遺伝子

column

言語の学習は、子どもの心の真っ白なキャンヴァスに情報を書き込む営みではない。いつ、どのように学習するかは、生得的に決まっている（グールドら、1987）。ピンカー（1995）は、ヒトが普遍的な心的言語で思考することや、文法のスーパールールが生得的であることなどをあげて、言語が本能であると主張した。もし言語の学習が生得的であるなら、それに関与する遺伝子があるはずである。

そんな言語の遺伝子、FOXP2が、言語の学習や文法の理解が障害される家系を調べることで発見された（Lai et al., 2001）。この遺伝子が突然変異を起こして正常に働かない人は、ちゃんとした発声ができず、聞き取りも文法の学習も正常な人に比べて遅れる。しかし、ほかの精神能力が劣っているわけではない。

エナードら（2002）は、このヒトの遺伝子の塩基配列を、チンパンジー、ゴリラ、オランウータン、アカゲザル、マウスのそれと比べてみた。すると、ヒトでは、チンパンジーと系統が分かれたあと、二つの塩基が変わっていた。突然変異の結果できた変異型の遺伝子が、強い淘汰圧を受けて、短時間のうちにホモ・サピエンスに固定したという。そして、この遺伝子を獲得した時期は、二〇万年前より現代までのあいだだと推定したのである。

現生人類におけるこの遺伝子の突然変異は、チンパンジー型に先祖返りしたわけではない。チンパンジーやゴリラで、この遺伝子がどのような役割を果たしているかも分からない。そもそも、ヒトにおいて、この遺伝子がどのようにして機能を発揮するのか、まだ分かっていない。未解決の問題は多いのだが、この遺伝子の発見によって、言語の学習が遺伝的にコントロールされるとの仮説に物証がつけ加わった意義はきわめて大きい。

コミュニケーションが行われるのは、社会集団のなかにおいてである。言語の遺伝子さえあれば、それだけで言語を学習できるわけではない。この遺伝子は、社会的なコミュニケーションが障害される自閉症に関与する染色体領域に位置するという（Li et al., 2005）。言語は、コミュニケーションの場で働き、集団に受け継がれ、評価され、淘汰される。この言語遺伝子の働きを詳しく調べることで、社会における言語の働きは何か、そもそも言語とは何かについて、より詳細に理解できるようになることが期待される。

◎Gould JL, Marler P (1987). Learning by instinct. *Scientific American* 256 (1): 62–73.
◎スティーブン・ピンカー (1995)『言語を生みだす本能　上・下』ＮＨＫブックス (原著：Pinker S (1994). *The language instinct - How the mind creates language.*)。
◎Lai CSL, Fisher SE, Jurst JA, Vargha-Khadem F, Monaco AP (2001). A forkhead-domain gene is mutated in a severe speech and language disorder. *Nature* 413: 519–523.
◎Enard W, Przeworski M, Fisher SE, Lai CSL, Wiebe V, Kitano T, Monaco AP, Paabo S (2002). Molecular evolution of FOXP2, a gene involved in speech and language. *Nature* 418: 869–872.)
◎Li H, Yamagata T, Mori M, Momoi MY (2005). Absence of causative mutations and presence of autosm-related allele in FOXP2 in Japanese autistic patients. *Brain & Development* 27: 207–210.

column コラム09 集団と言語の進化

霊長類の社会構造論は、今西錦司によって創始され、伊谷純一郎によって展開された、いわば日本の霊長類学の「おはこ」の分野である。その結論のひとつは、社会構造が種に固有であり、同じ科のサルでは、ほぼ同じ構造をもつことである。伊谷（1987）によれば、もともと単独生活をしていたサルが集団化するときには、母親と子どもたちのつながりが永続化する場合と、雌雄のつながりが永続化する場合の二通りがある。霊長類の社会構造は、こうした結びつきの構造に根ざしており、進化的に安定していて、おいそれとは変化しないという。

それぞれの社会構造のなかで、個体どうしの関係のありようがあり、その関係を調整するやりとりが決まっている。たとえば、複雄複雌グループをつくるチンパンジーは、オスとメスの性関係は乱交的で、オスのメスに対する交尾の誘い行動が発達しているが、一夫多妻の配偶をするゴリラでは、性交渉はほとんどなく、オスの交尾の誘い行動はまれである。オスどうしの関係も種ごとにちがうから、社会的軋轢《あつれき》の調整のしかたや、そのためのコミュニケーションの内容も、それぞれ違っているのである。

いまオランウータンが突然変異で「言語遺伝子」を獲得し、それがたまたま広まったとしよう。しかし、こんなコミュニケーションの手段を手に入れても、オスどうしが互いに避け合いメスが互いに無関心である関係には、変わりがあるまい。これまでほかのオスに対して威嚇の吠え声しかあげなかったオスが、言葉が喋れるようになって急に仲よくしたり、同じ木で採食するときですら互いに無視するメスたちが急にぺちゃくちゃ他人のうわさ話を交わすようになるとは、とうてい考えられないからである。つまりオランウータンの社会には、言語が有効に機能する「集団」というコミュニケーションの場がない。だから、たとえ言語の遺伝子が出現したとしても淘汰されて、あっという間に消失したにちがいない。

人類が言語を獲得し、その結果として大集団をつくり上げることができたと論じる人は多い。いわば、「言語が集団を生んだ」仮説である。しかし、わたしはその逆だと考えている。もともとヒトに集団をつくる性質がなければ、たとえ言語遺伝子を獲得しても、オランウータンの場合と同様に、有効に機能しないだろう。言語というコミュニケーションの手段は、集団のなかでこそ機能を発揮する。ヒトは、まず集団をつくる性質をもち、あとで言語を獲得したのだ。つまり、わたしの考えは「言語の前に集団ありき」説なのである。

言語の遺伝子FOXP2は、非常に速やかに固定されたという。言語遺伝子を獲得して、ホモ・サピエンスの適応度が一気に上昇した。それは、その集団の個体間ネットワークが、言語が有効に機能する場をあらかじめ準備していたからに違いない。そのことが、突然変異で出現した言語遺伝子を保持し固定することにつながったと、わたしは考えるのである。

◎伊谷純一郎（1987）『霊長類社会の進化』平凡社。
◎榎本知郎（2001）「霊長類の結びつきネットワーク」（西田利貞編『講座生態人類学8　ホミニゼーション』京都大学学術出版会）。

第6章……ヒト＝家をつくるサル

「家づくり行動」の遺伝子

世界旅行をすると、それぞれの土地で、いろんな家が建てられているのを見られて、楽しい。人は世界中どこでも集団で暮らし、集落をつくっている。そのなかに家が建ち、それぞれの家族が暮らしている。家のなかには、玄関や客間や居間など、それぞれ機能の異なる空間が設定される。これが文化ごとに違っているのである。

それぞれの文化ごとに、家の形式や働きを記述し、その意味を追求して構造を見いだせばよい。こんな立場も、もちろんある。これは、研究対象を言語の誕生以降の人類に限定した構造人類学の巨人、クロード・レヴィ＝ストロースのやり方だ。しかし、わたしのやり方は違う。「家づくり行動」の進化を考えるのである。

ここでは、ヒトがつくる家の多様性には触れない。その代わり生物学の言葉を使って思い切って情報を切りつめる。つまり、家を「巣」と考えるのである。そこに住まうのはホモ・サピエンス種の動物であり、ホモ・サピエンス種のもつ遺伝子が規定する社会を営んでいる。つまり、「家づくり行動」は、ヒトの「巣づくり行動」を指すのである。

わたしは、巣を「そこで子どもを産み、子どもを育て、子どもを外敵から守るシェルターとしての機能をもつ装置であり空間である」と定義しておいた。こういうと家は寝るところではないのかと疑問をもたれる方も多いだろう。わたしは、後で述べるように、家の「ねぐら」としての機能は、副次的に生じたものだと考えている。

この「家づくり行動」が引き起こされるメカニズムは、言語の場合に似ている。第5章でみたように、言語能力は遺伝的に決まっている。そして、言語の学習のための心の窓は、半歳から三歳ごろまでのみ開くように遺伝的にプログラムされている。しかし、どのような言語をどの程度まで学習するかは、育つ環境によって決まるのである。

「家づくり行動」遺伝子は、まだ見つかっていない。しかし、現在主流の行動理論である行動生態学では、物質的な基盤をもつ遺伝子とは別に、理論上の「○○戦略の遺伝子」を想定する。それにならって、わたしは「家づくり戦略の遺伝子」を想定したい。そうすれば、その遺伝子がどのような状況で選択され、どのように住まいを建てるようになったかを考えればよいことになる。

ホモ・サピエンスは、五、六万年前にアフリカを出て、世界各地に放散した。アフリカ人も、オーストラリアのアボリジニーも、ユーラシア人も、それぞれの地域で生活し、新たな文化を築きあげた。そして、「伝統的な」家を建ててきた。だから、ホモ・サピエンスは「家づくり行動」の遺伝子を、共通してもっているはずである。これらの人種が分かれる前、まだアフリカにいるときに、この遺伝子をすでにもっていたと考えるべきだろう。


ヒトは、巣をつくる唯一のサルである。進化の過程で、「巣づくり行動」の習性を身につけた。どんな動物が巣をもっていたか、巣の働きは何か、もういちど振り返って整理しておこう。

巣をもつのは、鳥でも哺乳類でも、ツバメやドブネズミ、ネコのように、未熟な子どもを産むものだった。ドブネズミの赤ちゃんは赤裸で生まれ、耳も目も閉じている。ネコも生まれたときはミーミー鳴くばかりで、目も開いておらず動きもぎこちない。巣は、外の厳しい環境をやわらげ、赤ちゃんの生存のための条件を整えてくれるのである。

お母さんは、子どもを残して採食に出かける。そのあいだ子どもたちは巣でじっと母親を待つのである。子どもたちは、運動能力に欠けるから、捕食者に見つかったらもう逃げられない。巣は、外敵から子どもたちをまもるシェルターにもなっているのである。

お母さんは、巣に戻ってから、子どもたちに乳首を含ませる。ネコのお母さんは巣に横たわり、そこに赤ちゃんたちが群がっておっぱいを吸う。それはお母さんにとって、無防備で、外敵から身を防ぐことのできない一瞬である。そんなとき、巣はシェルターとしての役割を果たしている。

人間の家は、こうした巣の要件をすべて満たしているといってよい。

「ねぐら」としての家はいらない

ボツワナに住むブッシュマンと呼ばれる人たちは、遊動生活をしながら植物を採集し、動物を狩っていた。こう過去形で書くのも、最近は政府の政策もあって、定住する人が増えたからである。とはいえ、いまでも彼らは家族で移動しながら、たまたま出会ったほかの家族と一時的なキャンプをつくる。広場を円く取り囲むようにそれぞれの家を建てる。食べ物がなくなれば、またバラバラになって遊動を始める。せっかく建てた家は、まだ使えるのに捨てられてしまうのである。

今村薫によれば、この人たちは、家があるのにあまり使わないという。[*1] 大陸性気候で寒暖の差が激しいが、高地にあるので、昼もそんなに暑いわけではない。それでも、人びとは夜でも「暑苦しいから」と屋外で寝る。乾燥地帯だからめったに雨は降らない。もし降れば、さすがに濡れるのがいやで、家に入る。晩になっても雨がやまなければ、そのまま家に寝るという。寒い季節には、最低気温が氷点下になる。こうなれば、たいがい家に入って火をたきながら寝るが、それでも外で寝る人がいるというのである。

これを報告する今村にとっては、彼らの小屋は居心地がいい。しかも、自分だけのプライヴェートな空間を持てるからほっとするという。つまり、寒かったり雨が降ったりひとりになりたいときに家が欲しいと思うのは、家で暮らす文化のなかで育った者の感覚であって、ヒトに普遍的なものではないのである。

ブッシュマンたちは、ただ地面に横たわって寝る。昼寝するときは、日差しの中、焼けた砂に横になる。今村の撮った写真を見ると、イヌがまったく同じ格好で人間の隣に寝ていておかしい。寒いころは火をたく。彼らは、今でこそ服を着ているが、それでもTシャツなど薄手のシャツだ。以前は裸で生活していたのである。

こんなふうに外で寝て、恐ろしい捕食獣に食べられたりしないだろうか。じつは、いまでも幼い子がひとりでキャンプのまわりのブッシュに入り込むと、捕食獣に襲われて死ぬことがあるという。逆にいえば、柵があるわけでもないのに、キャンプのなかへは捕食獣が入って来ないのだ。キャンプのなかは草が抜いてあり、見通しがいい。そこに狩人たちが集まって寝ているのである。捕食獣にいわせるなら、キャンプは、見えないバリアによって守られた空間なのである。

このブッシュマンの生活スタイルは、約三万年前に日本列島にはじめてやってきたホモ・サピエンスの姿をほうふつとさせる。まだ氷河時代である。いまよりはるかに気温が低かった。彼らは、家を建てても、それはもっぱら倉庫として使い、ふだんの生活は戸外だったという。このわれわれ日本人のご先祖様は、そのころ、ブッシュマンと同じように、定住することもなく、獲物を追って遊動生活をしていたのである。

話は現代に飛ぶ。デルフエゴ島は、人類が裸で暮らしていた場所としては、世界でいちばん寒い所として有名である。冬には雪も降る。いつも天気が悪く、風が強い。それなのに灌木しか生えず、吹きさらしだ。そんな環境でも、ヒトは裸で暮らしていける。もともと寒さにけっこう強いのである。

この島の先住民は、小さな小屋を建てる。家の中で火を焚き、毛皮をかぶって暖を取る。明け方になると薪が燃え尽き、火が消えてしまうので、かすかなぬくもりを求めて灰の中に転がり込む。だから、彼らの体は灰まみれになってしまうのだという。これは、空調のきいた家にぬくぬくと暮らす現代人には、なかなか想像しにくい状況だろう。

ヒトは、誕生してから一〇万年以上、つまりその系統の歴史の半分以上の時間を、アフリカで過ごしている。アフリカといえば、熱帯の太陽が照りつけかげろうがゆらめくサバンナを思い浮かべる方が多いだろう。確かに大陸性気候だから、昼間は暑い。しかし、天候や時刻によっては、かなり寒くなる。わたしは、熱帯林のただなかでのピグミーチンパンジー調査の帰りに、ケニアのナイロビに滞在

写真●アフリカのボツワナに住むブッシュマンとその家．キャンプにそれぞれ家を建てる．ふだん家にいることは少なく，外で寝る人も多い．キャンプのなかは草が抜かれ，見通しがよい．カラハリ砂漠（ボツワナ）．撮影＝今村薫

したことがある。あいにく薄着しか持ちあわせず、寒さに震えた日が多かった。

多くの人類化石が出る東アフリカの大地溝帯も、ナイロビに似た気候である。赤道に近くても、標高一〇〇〇メートルを超える高地である。今でも寒い日があるのだから、氷河時代には、朝晩は凍てつく寒さだったろう。それでも当時のヒトは、家を建てなかった。獣皮をかぶり、炉に火を入れれば、寒さは気にならない。みんなで集まって寝れば、捕食獣も襲って来ない。「ねぐら」としての家は、必要がないのである。

R・キットラーらは、世界各地の衣服につくコロモジラミのDNAを調べたところ、シラミは、七万二〇〇〇年から四万二〇〇〇年前のあいだにアフリカにいた先祖のシラミに由来していたという。このことから、彼らは、ヒトが衣服を着るようになったのはこの先祖のシラミがいたころだと主張している。[*2] しかし第4章で述べたように、コロモジラミとアタマジラミは、同じ種類のシラミなので、髪の毛がなかった時代を想定しないかぎり、このやり方で服をいつ着始めたかを推定することは難しい。わたしは、それ以前のヒトも、そのころヨーロッパに住んでいたネアンデルタール人も、獣皮をまとっていたと考えている。ただ縫い針は、五万年前から始まる後期石器時代の発明なので、それ以前には縫製した服はなかった。災害時には被災者が救援の毛布をかぶって寒さをしのぐが、それと同じように、われわれの祖先も毛皮をかぶっていたのではないだろうか。

現生人の生活を考えると、家には寒さ、暑さから身を守る以外の機能もある。雨よけである。ヒトには、類人猿がもつミノ代わりの体毛がない。冷たい雨に濡れたらたまらない。しかし、それが家を建てる理由になるかどうかは、疑問である。

わたしがピグミーチンパンジー調査で滞在したコンゴの田舎では、人びとは雨が降り出すと、大きな草の葉を傘にした。オランウータンのやり方とまったく同じである。インドネシアのスラウェシ島でムーアモンキーの調査をしたとき、わたしは、雨になると大きな岩陰に雨宿りした。雨よけなら、物陰に入るだけでじゅうぶんなのだ。雨はいやだが、いっとき我慢すれば上がってしまう。雨よけだけのために手間のかかる家を建てるなんて、いくらなんでも面倒だ。

アフリカの人たちは、雨でも傘をささずに歩く人が多い。激しいスコールの時には、雨が冷たいので物陰に雨宿りするが、小雨なら服が濡れるのも気にしない。傘を手放さないのは、日本人の文化的な特徴だが、ヒトという種に関していえば、そんなに雨が嫌いではないようである。

類人猿のなかでも、チンパンジーは、とりわけ雨嫌いで知られている。チンパンジーが家づくり行動を進化させることがあるとしたら、それは、雨よけのためかもしれない。しかし、ヒトはそれほどではない。ヒトとしては、五万年より前の時代に、ねぐらとしての家は、建てる必要性がなかったのである。

写真●ケニアの牧畜民，マサイ族の家．灌木の丸木で骨組みを作り，ウシの糞でおおう．入り口を入ると，狭く短い廊下の先に 3 つの部屋がある．端に両親の 2 畳程度の部屋．その反対側に子どもたちのもっと狭い部屋．中央が 2 畳足らずの台所で，炉が切ってあり，小さな明かり取り兼煙抜きの穴が壁に開いている．アンボセリ（ケニア）．

写真●コンゴに住む焼き畑農耕民，モンゴ族の家．丸木の柱で骨組みをつくり，壁は竹を編んだ上に泥を塗り，屋根は草で葺く．1棟は，2，3部屋からなる．ワンバ村（コンゴ）．

家づくりは面倒だ

われわれ現生人は、みな家に住んでいる。結果論でいえば、家に住むことはよいことなのだ。しかし、昔のホモ・サピエンスたちは、家がなくてもそれなりに生活をエンジョイしていた。なくてすむなら、こんなにコストのかかる家なんかだれが建てる気になるものか。いまは、ちょっとの間でいいから、家が人間にとってかけがえのないものだという固定観念を忘れていただきたい。

先ほど紹介したブッシュマンは、遊動しているときは、二、三時間でできる「まるで鳥の巣みたいな」家をつくる。しかし、キャンプに滞在するときは、はるかに手の込んだ家を建てる。こちらは完成までに数週間かかるというので、けっこうな手間である。

コンゴのイトゥリの森に住むエフェ・ピグミーは、これも鳥の巣のような家を建てる。細い木でドーム状の骨組みをつくり、これを大きな葉で覆う。ごく簡単なつくりだが、それでも一日では建たない。けっこう手間がかかるのである。

そのうえ、家を建てると、衛生問題が生じる。今村によると、ブッシュマンは、最近定住する者も増えたものの、家の中が汚れてしまい、それを嫌って戸外で寝る人もいるのだという。家は、建造に手間がかかるだけに、おいそれとは捨てられない。しばらく住むことになれば、家の周囲に糞便がたまる。

そのことが、消化器系の病気の蔓延につながっただろう。こんな問題がありながら、世界にはトイレをもたない文化がいくらでもある。ホモ・サピエンスは、家に住みだしてから、「トイレづくり行動」の遺伝子が固定されるほどの時間が、まだ経っていないのである。

また、家をもつと、ノミやトコジラミ、イエダニなど、家を生活の場にする外部寄生虫に悩まされることになる。人の残した残飯を目当てに、ネズミやハツカネズミがやってくる。それらがもつ病原体が、人びとの体をむしばみ病気になる。

ヒトは、もともと裸で暮らしていた。毛皮をかぶり、火に手をかざして、寒さを防いだ。夜は家族がかたまって寝た。そんな生活に満足していたヒトたちが、つくるのが面倒で、衛生面でも問題だらけの家を、なぜつくる気になったのだろうか。

早熟の人類

脳の大きさや、妊娠期間、初産年齢までの長さは、歯の成長と強く相関していることが分かっている。そして、歯の成長は、エナメル質の形成の具合を調べれば分かる。歯は体中でいちばん硬い組織なので、骨などより保存されやすい。それだけ化石の歯が見つかる確率が高いわけである。化石人類の中には、以前は、たった一本の歯で、新種だと主張されたものさえあった。その歯を調べれば、成長の速さが推定できるというのである。

ロンドン大学のディーンらは、現生人、アフリカの類人猿、猿人、それにホモ・エレクトゥスのエナメル質の成長のスピードを比べてみた。すると、猿人は、類人猿より速く成長していたのである。猿人たちは、より安全な樹上から地上に降り立ち、二本足で歩いた。二足歩行は、長時間歩くのには向いているが、「すわっ」とばかり走って逃げるには、スピードが出ない。また地面に降り立ったので、食べられる危険が増した。捕食獣は、反撃されるリスクのあるおとなより、か弱い子どもをねらう。子どもの死亡率が高い環境では、なるべく成長速度を速くして、子ども時代をできるだけ早く通過すべきなのである。

猿人の子孫にあたるホモ・エレクトゥスの成長速度は、背が伸びたせいだろうか、再び成長速度が落ちて、アフリカの類人猿並みになってくる。体が大きくなるほど捕食獣にはねらわれにくくなる。石器の武器ももっていた。だから、それほど成長速度をあげる必要がない。それより子どもの期間を長くして、脳を拡大した方が有利だったのだろう。

われわれホモ・サピエンスは、第2章で紹介したように、その体の大きさにしては、もっとも成長が遅い哺乳類である。もちろん、ホモ・エレクトゥスや類人猿より遅い。そして、脳が巨大になったのである。

ロッシとカストロは、現生人や化石人類、それに大型類人猿の歯を分析してみた。すると、中期旧石器時代から後期旧石器時代のヒト（ホモ・サピエンス）の成長の速さは、現生人とまったく同じだった。このことは、成長速度がヒトという種に共通の性質として決まっていることを示している。

では、ハイデルベルク原人の成長の速さはどうだろうか。彼らは、アフリカで誕生したヒトの直接の祖先である。思った通り、彼らはヒトに比べて成長が速かった。身長は現生人と遜色ないくらい高くなっているが、脳はやや小ぶりだ。おとなの脳のサイズは、体の成長が速いほど小さいのである。ホモ属の人類は、だんだんと晩成性になったといえるだろうか。

ところが、ロッシらがびっくりしたのは、同じくハイデルベルク原人の子孫であるネアンデルタール人の成長が、極めて速かったことである。脳は現生人と同じくらい大きいのに、成長は速い。ネアンデルタール人は、ウシのように早成性へと進化したのだ。

ネアンデルタール人の遺跡からは、食べたあとに捨てた骨の破片が出てくる。石器で肉をこそぎ落とせば骨に特有の傷がつくし、おいしい脳や骨髄を食べるのに頭蓋骨や腕や脚の骨を割る。そんな食べかすの骨のなかに、多くのネアンデルタール人の骨が混じっているのである。食人である。それがシカなどの骨の処理と同じなので、彼らが食べたと分かるのだ。そして、食べられたものの多くが子どもだった。

ネアンデルタール人は、考古学的な証拠から見るかぎり、ヒトに比べてさらに頻繁に食人をしていた。彼らは、小さな家族集団に分かれ、石器を手に獲物を追って、草原を歩いていた。獲物が多いところでは、しばらく岩陰や洞窟に滞在した。そんなところへ、どこかよその家族の幼児が迷い込んできたとしよう。みんなで思わず叫ぶ。「ラッキー」。鴨が葱を背負ってきた。家族みんなでこれを殺し、石器で肉を骨からこそぎ落とし、おいしく食べたのだろう〈コラム10「食人」参照〉。

この情景は、たぶん極端にすぎるだろう。実際には、同類の人類をシカなどと同じようには狩ってはいないようだ。とはいえ、彼らは、ほかの家族に出会ったときには、子どもをさらわれて食べられないよう身構えなければならなかった。そんな相手と仲よくつきあって大きな集団をつくることなど、できるわけがないではないか。

ネアンデルタール人の年齢別の死亡率を見ると、一〇歳までに三割以上の子どもたちが死んでいったようである。彼らが早成性になったのは、子どもの死亡率が高いという状況に対する適応だったのだろう。その子どもの死亡率を高める要因のひとつに、この食人という習性があったのである。ほかにも、赤ちゃんは運動が自在にできないから、どうしても寒さに弱いし、獲物を追ってたえず遊動する生活のなかで、幼い子どもがついて歩けずに、捕食獣の餌食になったのかもしれない。いずれにせよ、ネアンデルタール人の成長が速いことは、われわれホモ・サピエンスと決定的に違っている点なのである。

脳と人類進化

マカクザルの新生児は、脳がおとなの七〇パーセントにまで大きくなってから生まれてくる。この値は、ほかの早成性の動物に比べたら小さめだが、ヒトと比べたらはるかに大きい。アフリカの類人猿であるチンパンジーは、出生時の脳の大きさがおとなの四〇パーセントで、一歳齢で七〇パーセントにまで拡大する。これに対し、ヒトでは、新生児の脳はおとなのわずか二五パーセントしかなく、一歳になっても、ようやくおとなの半分になるだけだ。ほかのサルでは、とっくに成長が終わっている年齢の一〇歳になって、ようやくおとなの九五パーセントに達するのである（図6-2）。ヒトは、子ども時代を長くして、じっくりと脳を拡大する戦略をとっているのである。

フランスのコキュニョらは、インドネシアのジャワ島で見つかった、一八〇万年前のホモ・エレクトゥスの「モジョケルトの子ども」の脳の発達を、現生人やチンパンジーと比べてみた。すると、この子はまだ一歳だというのに、その脳のサイズが、おとなの大きさの八〇パーセントにまで達していたのである。この発達速度は、ちょうどチンパンジーと同じくらいだ。このことは、ホモ・エレクトゥスの脳の成長は速く、成長過程で学習する能力に乏しかったことを意味している。

人間の赤ちゃんは、出生後半年くらいのころから、バブバブといった言葉を発するようになる。それから数年のあいだに、言語をしゃべる人がまわりにいないと、あとでどんなに訓練しても、一生言葉を覚えることができなくなる。ヒトは、だれもが言葉をしゃべる能力をもって生まれてくる。しかし、それだけで言葉をしゃべることはできない。生まれて半年から数年のあいだに、言語を学んでいくのである。これは、動物行動学でいう刷り込み、心理学でいうモジュールであり、言語学習のための心の窓が、この時期にだけ開くのである。

すでに述べたように、実験動物では、物が多い豊かな環境で育ったものは知能が高くなり、逆に何もない貧しい環境で育ったものは、知能が低くなることが分かっている。もちろん、ヒトでそんな実験をするわけにはいかないが、幼いころから虐待・遺棄され、親から声もかけられずに育った子どもは、満足に言葉もしゃべれず知能も発達しない。ヒトの脳の発達にも刺激が必要なのだ。多くの情報を取り入れたり、働きかけたりして経験を積めば積むほど、知能が高まるのである。

ヒトの脳は、ほかのサルと比べて大きい。しかし、そのことは、多くの情報を処理できる可能性を示すだけで、知能が高いことまでは意味しない。脳が拡大する子ども時代に、好奇心をもち、さまざまな冒険をし、学習しながら脳を訓練して、脳の潜在能力を引き出すことが大切なのである。

ネアンデルタール人の脳の大きさは、ホモ・サピエンスと遜色がない。おでこに対応する脳の前頭葉前部が少し小さいものの、頭頂葉や側頭葉は、むしろ大きいくらいである。しかし、彼らは非常に成長が速く、それだけ子ども時代が短い。つまり、脳を訓練する時間が、じゅうぶんにはなかったのであ

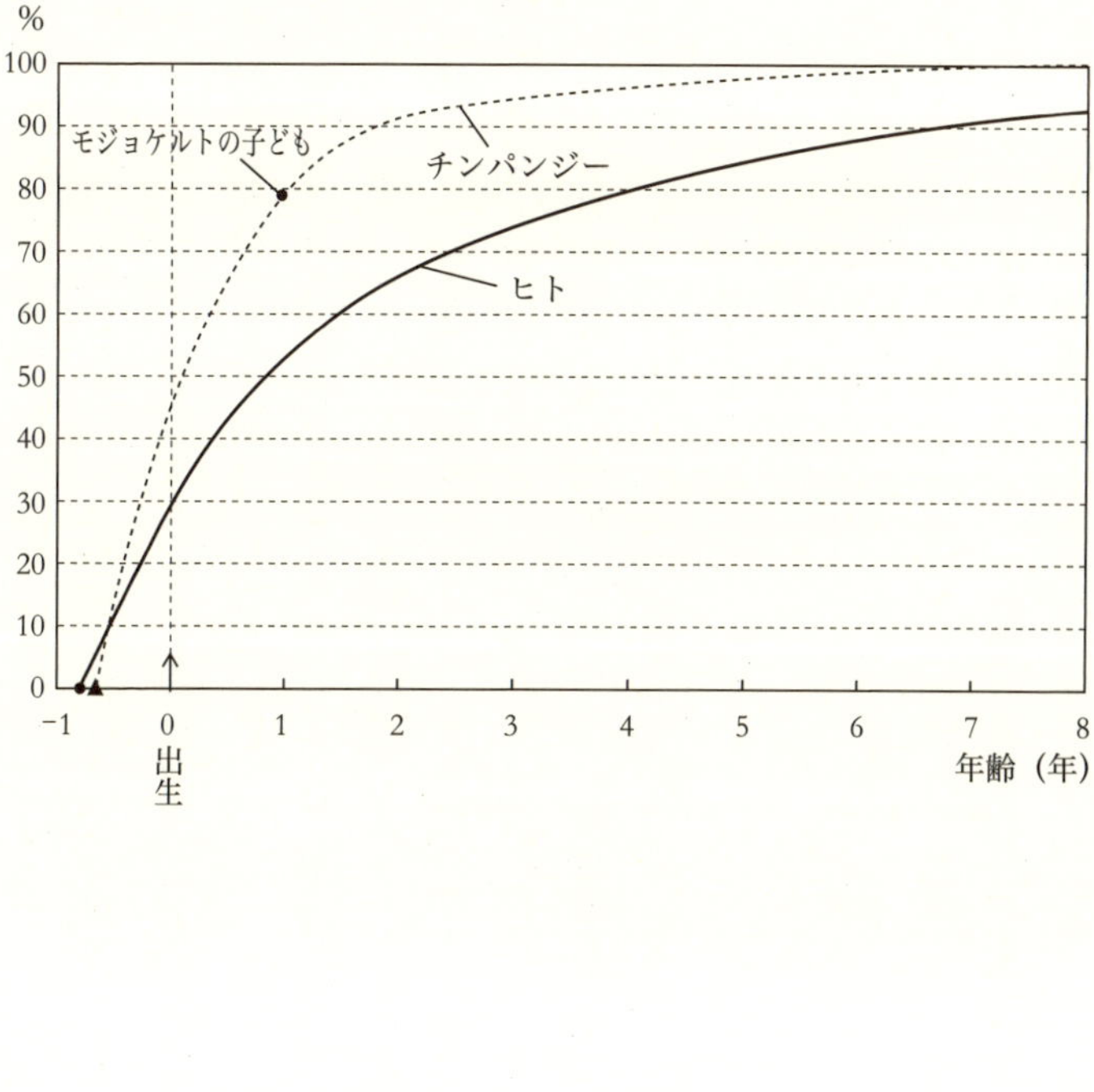

図 6-2●おとなの脳に対する子どもの脳の発達

る。

ネアンデルタール人には、ホモ・サピエンスがもつ言語遺伝子がない。声を出す喉頭も、多くの母音を発声するつくりになっていない。そして、言語を学ぶ子ども時代が短かった。だから、彼らにたとえ言語があったとしても、それは萌芽的なものに過ぎなかったに違いない。

いっぽう、ヒトは二〇万年前に誕生した。言語遺伝子をもち、いろんな母音を発声できる喉頭を持ち、子ども時代が長く、言語を学ぶ時間があった。しかしその文化は、ハイデルベルク原人のものを継承し、これを多少改良しただけだった。考古学の証拠からは、一五万年間の長きにわたって文化は停滞していた。そして、五万年前に革命が起こったのである。

ヒトの神経系の発達にかかわる遺伝子には、強い淘汰圧を受けて、非常に速く固定された兆候が認められる。ヒトは、その種の誕生のとき、いわば脳の拡大に命運をかけたのである。

フローレス原人

われわれは、たしかに脳が大きい。そして、知能もほかの霊長類に負けない、いや、ずば抜けて高いはずだ。なにしろ脳は、エネルギーをやたらに消費する、浪費癖のあるどら息子みたいなものである。そんな脳を拡大するのは、そのデメリットを相殺してあまりあるメリットがあったからに違いない。

知能が高いからこそ、いろんなものを発明して、こんなにも生活が便利になり、安全にもなったのだから。

わたしも、無邪気にそう信じているひとりなのだが、最近、これに疑問を突きつける発見があった。前章でも少し触れた、フローレス原人である。インドネシアのフローレス島のリアン・ブア洞窟で、ホモ・エレクトゥスに似た女性の骨が見つかった。フローレス原人である〈コラム11「フローレス原人」参照〉。この女性は、一万八〇〇〇年前、この洞窟に住んでいた。かなり精巧な石器とともに、ステゴドンゾウ、コモドオオトカゲなどの骨が出てくる。狩った獲物を料理していたらしい。こんなことまでするのに、脳のサイズはたった三八〇立方センチメートルで十分なのである。

もしそうなら、ヒトはなぜ、浪費癖のある脳を、ここまで拡大する必要があったのだろうか。そもそも脳が拡大したのは、ヒトの登場に伴う二〇〇万年前のことだった。それから一五万年ものあいだ、その行動には、目立った変化が見られないのである。彼らが使っていた石器は、ホモ・エレクトゥスが発明したアシュール文化の変形だったり、ネアンデルタール人のムスティエ文化に似たものだった。柱のある家も建てなかった。その大きな脳は、いったい何に役立ったのだろう。

フローレス原人の発見は、脳の進化についても新たな難題をつきつけたのである。

晩成性のホモ・サピエンス

ヒトは、妊娠期間が長く、子ども時代が長く、初産年齢が高く、脳が大きく、寿命が長い、霊長類のなかでもユニークなサルである。

生まれたての赤ちゃんは、オギャーオギャーと泣くばかりだ。「怖いオオカミが来るから、泣いちゃダメ」といったところで、文字通り聞く耳をもたない。まだ、耳も十分聞こえないし、目もちゃんと見えないし、そもそも言葉を理解しないのである。そればかりか、自分からお母さんの毛にしっかりとしがみついて、お母さんの活動のじゃまにならないようにすることもできない。お母さんは、おっぱいを含ませて栄養を与えるばかりでなく、いつも子どもを抱いて運ばなければならず手間がかかる。子ども時代が短ければ、これもなんとか我慢できるかもしれない。しかし、子ども時代はやたらに長いのである。

晩成性の動物は、巣を持っているものが多い。巣は、未熟な子どもを守るシェルターになり、親の活動も助けるからである。そして、ホモ・サピエンスは晩成性だ。巣があった方が、生き残りに有利である。だからこそ、「巣づくり行動」の遺伝子が固定されたと考えられる。

こう単純化すると、読者のなかには首をかしげる方もおられよう。本書の主張の本筋はこれでつくされているのだが、もう少し補足が必要だ。なぜなら、これは「巣＝家」をもつ背景の説明であって、巣をもつに至った契機については、何も語っていないからである。そもそも、ホモ・サピエンスは、現生人と同じ遺伝的背景をもちながら、誕生してから一五万年間も家を建てなかったのである。いまなお説明が欠けている家づくりの要素は、いったい何だろうか。わたしは、本書の最後でそれを説明したい。

家づくりの条件

ネアンデルタール人は、小さな家族が単位になり、遊動して暮らしていた。子どもたちはすくすく育ち、あっという間におとなになるので、あまり親の負担にはならなかった。石器を手に中型の動物を狩り、家族で分配して食べた。食人の証拠が随所に見られるので、よその家族とは決して仲よくなかっただろう。自分の息子や娘を食べた相手と、にこやかに握手はできない。家族はお互いに避けあって、時には戦った。ちなみに、ネアンデルタール人の行なった血縁のある家族内や配偶者間の食料の分配は、サルではまれだが、鳥類や肉食獣など動物界全体ではけっこうよく見られる行動である。

倦怠期の夫婦の会話は、「めし」「ふろ」「ねる」の三語だけだという。長いあいだ生活をともにしている人の間では、コミュニケーションをするのに、言葉はほとんど必要がない。たぶんネアンデルタール人の家族も、そうだったのだろう。そんな環境下では、子どもが言葉を覚えることもないから、言語は発達しない。

いっぽう、ヨーロッパに進出したヒトであるクロマニヨン人は、家族を超えた大きな集団をつくった。集団は、各人の役割分担を決め、打ち合わせて、マンモスやトナカイなどの大型動物を一網打尽にする狩りをした。そのころ呪術師という階層が現れている。おそらく、手際よく狩りをするため、リーダーという階層も生まれたに違いない。

こうして協力し合って狩りをしたら、とうぜん獲物はそれぞれの家族に分配しただろう。同じ獲物が、複数の遺跡から見つかっている。現代の採集狩猟民のように、「平等主義」のルールのもとで、公平に分配したのかもしれない。血縁関係にない人のあいだで分配が見られることは、ヒトの大きな特徴である。[*3]

今でも、世界のどこかで、絶えず戦争をしているヒトのことだ。遺伝的には、われわれとほとんど違わない先祖なのだから、とうぜん集団間で戦争していただろう。戦争で殺した相手を食べたかもしれない。

しかし、ヒトは他人に対して、敵対的に振る舞うばかりではない。たとえば、マルコ・ポーロは、イタリアから、はるか東の国、中国にまで旅をし、元の皇帝フビライに仕えている。ヒトのきわだった特徴は、国家間とか部族間で戦争をするけれど、異境の地から自分の集団に属さない人が来ても、それを受け入れる許容性にある。これがチンパンジーやゴリラだとすれば、集団間やオスどうしの争いが激しいから、見知らぬ人びとの住む土地を通ってそんなに遠くまで旅することは、とうてい考えられない。

ネアンデルタール人は、家族集団を統合することができなかった。それは、彼らに言語がなかったせいかもしれない。利害関係が一致せず、しばしば子どもを食べられたりするので、互いに排他的に暮らしていたせいかも知れない。しかし、ヒトの家族同士は、集団の仲間として仲よくしていた。仲よくなくても、許容していた。だから大きな集団をつくれたのである。

もうひとつのヒトの特徴は、大集団のなかに「家族」が分節化していることである。この家族の範囲は文化によってちがう。自分の家族を呼ぶとき「うち」といったりする、それである。「うち」とは、集団のコミュニケーションの場を分節化した、家族専用のコミュニケーション空間を指している。そして家は、キャンプの中に家族のための物理空間を確保し、「うち」を生むのである。

わたしがインドネシアのジャワ島中部の安ホテルに泊まったときのことである。ここは熱帯で、夜になっても気温が下がらない。エアコンはなく、そのかわり天井に大きなファンがとりつけてあった。ベッドには、掛け布団がなくて、長さ一メートル、直径三〇センチメートルもある抱き枕がおいてあった。人は、たとえ暑くても、タオルケットでも何でもいいから、なにかに接触していないと、どことなく落ち着かなくて寝つけない。他人には見せられない格好だと思いながらも、わたしは抱き枕を抱いて寝た。不思議に心が休まり、すぐに眠りに落ちたものである。

ある鉄道会社が、列車のなかで安眠するためのグッズを開発していた。いろいろ試してみたところ、あるものが一番効果的だったが、商品化が見送られたという。そのあるものとは、抱き枕である。列車のなかで、いいおとながこれを抱いて眠りこけている図は、やはり見ていられないということか。

アメリカの心理学者、ハリー・ハーローは、生まれたばかりのアカゲザルの赤ちゃんを母親から引き離し、ほかのサルや人など、誰も見聞きできない状態で育てた。赤ちゃんのいるケージには、哺乳瓶をくくりつけた針金でつくった母親人形と、哺乳瓶がないけれど、布でつくった母親人形を並べておいた。すると、赤ちゃんザルは、ふだんは布製の母親人形にしがみつき、お腹がすいたときだけ針金の人形のところに行ってミルクを飲んだのである。こうして、ハーローは、「接触」が子どもの基本的な欲求であり、正常な心の発達に重要な役割を果たすことを示したのである。

眠るときには、自分の枕でなくてはならないという幼い子がいる。抱き枕は、人間の基本的な欲求であり、安心の源なのだろう。それは本来、幼い子どものものだ。しかし、ヒトは、その心理装置をおとなにまで引きずっているようである。

オランダの解剖学者、L・ボルクは、「ヒトは類人猿の胎児」というキャッチフレーズで、ヒトがネオテニー的な性質をもつと主張した。ネオテニーとは、幼型成熟ともいい、幼い形のまま、性成熟を行う現象をいう。これは、ただ成長が遅いことを指すのではなく、体が未熟な状態なのに、性的に成熟してしまうことをいうのである。つまり、ボルクにいわせると、ヒトは胎児のまま、性的に成熟してしまったのである。

わたしは、ヒトは形が幼いだけではなく、心も幼いままおとなになると考え、『愛の進化』を書いた。[*4]その幼さが、おとなになってまで子どものように遊ぶという行動特性をもたらし、また愛を生んだ。そして、遊びのなかでいろんな発明が試みられた。子どもの心が、ホモ・サピエンスの五万年前の情報の爆発に、重要な役割を果したと主張した。この考えは今も変わっていない。

ヒトは、できるだけ子ども時代を長くするように進化している。子ども時代は脳を拡大させ、脳を訓練する時期である。思春期前に「成長のスパート」の時期をつくり、体は一挙におとなになるが、その心には、まだふんだんに幼児性が残ったのだ。おとなになってからも遊ぶ。好奇心がある。発明する。愛する。そして抱き枕が安眠をもたらすのである。

人間の赤ちゃんは、生まれたとたんに泣き始める。しわくちゃで小さな顔をくしゃくしゃにし、真っ赤になりながら、目を固く閉じたまま、「オギャーオギャー」。小さな体のどこからこんな声が出るのかと思うほどの大声だ。

もちろん赤ちゃんの泣き声は、捕食獣のハイエナやホラアナグマに向けてではなく、お母さんへの訴えだ。しかし、こんな泣き声は、「運動能力を持たない狩りの容易な赤ちゃんがいるよ」と捕食獣に宣伝するようなものである。赤ちゃんは、なぜ自分からそんな危険なことをするのだろうか。

ヒトの赤ちゃんが「泣く」という行動を進化させたのは、たとえ捕食者に聞かれるという欠点があっても、泣くことでもっと有利になる状況があったからだろう。その状況とは、集団で生活するキャンプの存在であり、また家という名の巣だったのではないだろうか。

ハタネズミは、物陰のなかに巣をつくる。ハタネズミの母親は、赤ちゃんの鳴き声で、どこに子どもがいるかが分かる。もし巣から出てしまったら、急いで赤ちゃんを巣に連れ戻すのである。きっと、人間の赤ちゃんの泣き声も、それと同じような役割を果たす信号なのだろう。赤ちゃんが家からはい出ると、居心地が悪くて泣き出す。そうしたらお母さんが急いで家の中に連れ戻す。あの赤ちゃんのばかでかい声は、そのような役割を果たしていたのではないだろうか。

赤ちゃんがなぜ泣くのかについては、ルマーらによれば、四つの仮説が立てられているというが、[*5]わたしにはどれも妥当に見えない。さきほど述べたわたしの考えは、ヒトが巣に住むことを前提にしているので、新説になるようだ。

巣づくりをするサルの誕生

最後に「家づくり行動」の進化のシナリオを考えてみよう。

ヒトは、二〇万年前に、アフリカで誕生した。そのとき、妊娠期間が長く、成長速度が遅くて子ども時代が長く、初産年齢が高く、寿命が長く、脳が大きいという性質が備わったのである。ほどなく、言語の遺伝子も突然変異を起こし、強く選択されて、言葉を流暢《りゅうちょう》にしゃべるための準備が整った。こうして準備だけはとっくに終わっていたのだが、ホモ・サピエンスは、鳴かず飛ばずで、目立った行動の変化を見せなかった。長いマンネリの時代である。むろんこの時代に、すでにご先祖様が巣をつくっていた可能性は、捨てきれない。もしそうだとしても、その巣は物陰に乾いた草を敷いたような簡便なもので、柱を立てるなどの工事を伴うものではなかったのである。

七万年前である。突如、スマトラ島のトバ火山が大爆発を起こし、吹き上げた灰が地球を覆って気温が低下した。「火山の冬」の到来である。このとき、多くのホモ・サピエンスの系統が絶滅した。生き残ったのは、アフリカ人、アボリジニー（オーストラリア先住民）、ユーラシア人（ヨーロッパ人とモンゴロイド）の三つの系統だけだった。全人口も、わずか一万人にまで減ったという。それから一万年間も気温が低いままに推移し、そのあいだ人口がほとんど増えなかった。ホモ・サピエンスは、絶滅の危機に瀕したのである。

人口が少なくなると、集団全体でもつ遺伝子の変異が小さくなる。つまり、みんなが同じ型の遺伝子をもつ傾向が強くなってしまうのだ。その結果、現生の人類は、驚くほど遺伝的に均一になったのである。ゴリラやチンパンジーから見ると、ヒトは、まるで大量生産されたクローンのようなものかも知れない。

六万年前になると、極寒期に比べて四度ほど気温が上昇し、多少寒さがやわらいだ。このころ、ヒトの二つの小集団があいついで移動を開始したのである。ひとつのグループは、南アジアからオーストラリアへと渡っていき、アボリジニーになった。もうひとつは、中近東へ行き、そこで二手に分かれた。一派はヨーロッパへと向かった。他方はアジアに向かい、その一部はさらにアメリカへと渡っていった。

いっしょにアフリカを旅だった人びとは、血縁のあるごく少人数のグループだったのだろう。その人たちは、同じ言葉をしゃべっていたにちがいない。集団のメンバー相互の意志の伝達はスムーズで、集団はこぢんまりとしていたが、しっかりとまとまっていた。

さらに一万年がたった。このとき、ホモ・サピエンスの人口が一挙に増大し始めたのである。それは、言葉をしゃべり、意志を伝えあって、集団で狩りをし、栄養状態がよくなったからだろう。もともとは小さなグループだったのに、いまや、互いにコミュニケーションしあう大集団へと成長したのである。

ヒトは、見知らぬ人とも、平和につきあうことができる。はじめて会った人の家に招かれ、歓待されることもまれではない。これは、ほかの霊長類には見られない、ヒトだけの特徴である。もともとは小さな血縁集団だったので、お互いに敵対的に振る舞ったりしないように進化したのだろう。この性質が、ホモ・サピエンスが大集団をつくり、集団間で交流することを促したのである。

ヒトは、早成性のサルの中にありながら、未熟な赤ちゃんを産み、子どもの期間が異常に長い晩成性のサルである。心も幼児化したため、寝るときにも、抱き枕を抱いたり、触れあったりして、安心しなくてはならない。居住を推し進める心理は、もともと備わっていたのである。いっぽうで、巣があれば子どもの生存率が高まるという、厳然たる生物学的な淘汰圧もあった。

人口の増加が、第5章で説明した脳と情報の拡大スパイラルをもたらし、ヒトの知能は高まり、情報が爆発した。いつまでも子どもの心をもったヒトたちは、好奇心にあふれ、いろんな発明を試みた。たぶん、だれかが遊びのなかで家をつくったのだろう。でなければ、住み心地も分からないのに、こんなに手間のかかる家をつくる気にはならない。

いまのところ、思いつきでしかないのだが、家の原型は「産屋《うぶや》」なのかもしれない。いろんな文化で、お産の時に、専用の産屋と呼ばれる家を建てる風習がある。しばしば血を見る「汚れ」を忌み嫌ったため、妊婦を「隔離」するための家だとされるが、それは、あとからこじつけた理屈だろう。農業が始まってからは、お産が「繁殖＝実り」の意味をになっている。石器時代でも、お腹の大きな姿を模したお守りがつくられた。お産は一大事だったはずである。そして産んだすぐ後は、女性と赤ちゃんが、最も無防備な時期である。このときこそシェルターが必要だったに違いない。もっともブッシュマンの女性は、出産の時ちょっとのあいだブッシュに入り、戻ってきたときにはその腕に赤ちゃんを抱いているという。人間には、いろんな文化があるので、探せば例外が必ず見つかるものである。

そんなとき、前章で述べたようなシナリオで天才が現れ、家を発明したのだろう。いったん家が発明されたら、その情報はただちに大集団が共有する。人びとが改良を加え、建築技術がどんどん洗練されて、家づくりの負担は減っていった。いったん家ができてみれば、居心地がよいと感じる心理を遺伝的に受け継いでいるのだからとても気持ちがよい。赤ちゃんが安全になり、幼児死亡率も低下した。この利点が、衛生状態の悪化というマイナス要因を上回り、人口がさらに拡大する。こうして、「家づくり行動」は一気に広まったのである。

アフリカ人でも、ユーラシア人でも、みんな家を建てる。だからヒトは、アフリカにいるときから、家を建てる能力や家に住むと心地よいと感じる心理にかかわる遺伝子群を、等しく受け継いでいたと考えられる。こういう下地があったからこそ、人びとがオーストラリア、ヨーロッパやアジア、アメリカに移動したあと、それぞれ独立に家を発明し継承したのである。どんな家をどうつくるかまで遺伝子は規定しない。それは文化が決めることだ。だから今に見るように家の形も機能も多様になったのである。

ヒトは、何にでも意味をみつけようとする。それが絵画を生み、彫刻を生み、儀式を生んだ。家も、やがていろんな意味をもつ記号としての機能をになうようになる。家は、集団のなかで、家族だけのプライヴェートな空間を生み出した。さらに、玄関や客間、居間など、空間の機能的な分節化が進む。また、経済力を示す豪邸もあれば、粗末なダンボールの「小屋」もある。宮殿も、ラブホテルもできた。これらは、情報量の拡大とともに、副次的に家に付け加えられた意味であり機能なのである。

ホモ・サピエンスは、「巣づくり行動」の習性を手に入れてから、まだ五万年しか経っていない。生物進化の時計では、ほんの一瞬でしかない。だから巣をもつ動物にとって必要となる行動、つまり衛生状態を良好にするための「トイレづくり行動」や赤ちゃんがトイレで排泄する習性が、まだ遺伝子に組み込まれていないのである。トイレづくりは文化にまかされたので、日本のようにトイレが発展した国もあれば、ヨーロッパのようにトイレをもたない文化もできた。しかし今では、文明が生み出した英知で、寄生虫や病原体をなかば封じ込めることに成功している。ヒトは、巣づくりをする動物としては新参者で未熟だが、先天的な習性に後天的な情報を付け加えることで、不足するものを克服してきたのである。

こうして、われわれホモ・サピエンスは、霊長類のなかにはじめて出現した、巣づくりをするサルになったのである。

コラム10 column 食人

食人は、いま、ほとんどの民族でタブーになっている。一九七二年、アンデスの山中に墜落した飛行機の乗客が救助されるまでのあいだ、食人して生き延びたとの報道があった。こんな話を聞くと、おぞましい場面を思い浮かべて、身の毛もよだつ恐れを感じたものである。感情的にも倫理的にも許せない行動を、よく「鬼畜の所行」という。しかし、哺乳類で同種の仲間を食べる行動は、特殊な状況を除けばきわめてまれである。それなのにわれわれ人類は、ふだんから仲間を食べていたらしい。そんな証拠が、次から次へと見つかっているのである。

食人の証拠としては、七八万年前の、スペイン北部にあるグラン・ドリナの遺跡が有名である(Fernández-Jalvo et al., 1999)。当時この地方に棲んでいた人類は、ハイデルベルグ人の祖先筋のホモ・アンテセソールだった。彼らは、現代のニューギニア人のように、儀式的な食人ではなく栄養を得るためだけに食べたらしい。

ネアンデルタール人も、また食人が一般的だった。フランスの南東部にある一〇万年ほど前のムーラゲルシ遺跡からは、ネアンデルタール人の骨が、シカや食肉類の骨と一緒に見つかった(Defleur et al., 1999)。その人骨は、頭蓋骨や腕や脚の骨が、シカの骨と同じように割られていたのである。同種の人類も、シカと同じように、獲物でしかなかったのだ。ネアンデルタール人の脳は現生人より大きく、シカの何倍もある。脂肪分に富んでおいしい脳は、彼らにとってすばらしいご馳走だったのだろう。人の姿をほうふつとさせる頭蓋骨を割り、脳にむしゃぶりつく姿は、想像するだけでおぞましい。

この遺跡で処理された動物は、シカなどの偶蹄類が四割、食肉類が四割ほどだが、ネアンデルタール人も一割を超える。こんなに多いと、食物のない極限状態に陥ったためしかたなく仲間を食べた、などという気楽な解釈はできない。明らかに食料にしていたのである。

われわれホモ・サピエンスも、九〇〇年前の米国南西部の遺跡から、明白な食人の証拠が見つかっている（Diamond, 2000）。しかし、これは例外でわれわれはそんなことをしない、なぜなら食人のことを聞くととても怖い。「野蛮人」ならともかく、われわれがそんなことをするはずがない、と考える人も多いだろう。しかし、われわれ現生人がかつて食人をしていた証拠が、その遺伝子の解析で見つかったのである。

一九五〇年、ニューギニアのある部族の人びとに蔓延する「クールー」という奇病が報告された。これは、BSE（牛海綿状脳症）と同じように、異常プリオンによって引き起こされる病気で、人の脳を食べることによってうつる。彼らは、偉大な人が死ぬと、その威光を自分に取り込もうと、儀式の一環でその脳を食べた。その風習が禁止された結果、クールーにかかる人もなくなったのである。

S・ミードらは、このプリオンの遺伝子を解析して、パプア・ニューギニアの人の遺伝子に、食人の痕跡が認められることを示した。ここまでは、予測どおりだった。しかし、衝撃的だったのは、ヨーロッパ人や日本人など、調べられたすべての現生人の遺伝子にも、食人の痕跡が認められたことである。

その痕跡とは、プリオン蛋白の遺伝子（PRNP）が強い均衡淘汰を受けていたことである。遺伝子は、ABO式血液型を決める遺伝子のように、複数の遺伝子型がある場合がある。遺伝子は、父母からそれぞれ受け継ぐ二つの染色体上にある。その両方が同じ遺伝子型で占められる場合を同型接合体、異なる遺伝子型である場合をもつように選択をすすめる。このプリオンの遺伝子が同型接合体になると、プリオン病を発症しやすい。そうならないよう均衡淘汰を受けたことが、食人の証拠になるのである (Mead et al., 2003; Stoneking, 2003)。

ちなみに、均衡淘汰の反対が、強い自然淘汰によって遺伝子がすぐに固定されることである。つまり、ある遺伝子が突然変異を起こし変異型が生まれたとき、自然淘汰によって、短いあいだに、みんなが変異型の遺伝子を持つようになる。ヒトの言語の遺伝子や、脳の発達に関する遺伝子に、こうした強い自然淘汰が作用したことが認められている。

- Fernández-Jalvo Y, Diés JC, Cáceres I, Rosell J (1999). Human cannibalism in theearly Pleistocene of Europe (Gran Dolina, Sierra de Atapuerca, Burgos, Spain). *Journal of Human Evolution* 37: 591–622.
- Defleur A, White T, Valensi P, Slimak L, Crégut-Bonnoure É (1999). Neanderthal cannibalism at Moula-Guercy, Ardèche, France. *Science* 286: 128–131.
- Diamond JM (2000). Talk of cannibalism. *Nature* 407: 25–26.
- Mead S, Stumpf MPH, Whitfield J, Beck JA, Poulter M, Campbell T, Uphill JB, Goldstein D, Alpers M, Fisher EMC, Collinge J (2003). Balancing selection at the prion protein gene consistent with prehistoric Kurulike epidemics. *Science* 300: 640–643.
- Stoneking M (2003). Widespread prehistoric human cannibalism: easier to swallow? *TRENDS in Ecology and Evolution* 18: 489–490.

コラム11 フローレス原人

column

インドネシアは、多くの島々からなる島嶼国家である。その東部の海に浮かぶフローレス島のリアン・ブア洞窟で、二〇〇三年、成人女性の化石骨が見つかった。ほぼ完全な頭蓋骨のほかに、骨盤や下肢、上肢のかなりの部分が残っていた。二〇〇四年にこれが報告されるや、人類学界の一大トピックになったのである。というのも、彼女はびっくりするほど小柄だった。身長はわずか一メートル。脳頭蓋の内容積は、アウストラロピテクス類と比べても小さいくらいの三八〇立方センチメートルだった。それ形をみると原始的な要素と進歩的な要素とが入り交じり、これまでのどの人類とも違っていた。それで新種とされ、ホモ・フローレシエンシス（フローレス原人）と名づけられたのである（Brown et al., 2004）。

フローレス原人は、二〇〇四年までに、彼女のほかに少なくとも五体が発見されている。彼らが最初にリアン・ブア洞窟に現れたのは九万五〇〇〇年前で、一万三〇〇〇年前まで生存していたという。日本人の祖先が日本列島にやって来たのは三万年ほど前だというから、二万年ほども時期が重なる。原人が、こんなにも最近まで生存していたことには、まったく驚かされる。

その年代があまりに新しくて、しかも体や頭がとても小さいので、原人ではなく小頭症になったヒトではないかと疑問視する人もいた。しかしフローレス原人の頭蓋内の形を見るかぎり、小頭症の人ではなくホモ・エレクトゥスに似ているという（Falk et al., 2005）。

彼らの骨と一緒に、見るからに精巧な石器がたくさん出土した。鋭利で薄い石器も出てくる。彼らは、これを槍の穂先に使ったと考えられている。たぶん家族で協力しながら、あらんかぎりの知恵を傾けつつ狩りをしたのだ。石器といっしょに、小型のゾウであるステゴドンゾウ、コモドオオトカゲ、カエルや魚などの骨が出てくる。骨の一部は焦げていたから、料理をしていたらしい（Morwood et al., 2004）。

わたしは、フローレス島の隣にあるコモド島で、コモドオオトカゲを観察したことがある。現生では最大級のトカゲで、全長が三メートルもある。以前は、生きたヤギで餌づけしたという。中型の哺乳類まで食べてしまう肉食のトカゲなのだ。ふだんはじっとしていて、歩くときものそりのそりと動きが緩慢なくせに、餌になる動物が来るととたんに動きが素早くなる。コモド島では、一九七二年に、観光に来た子どもがトカゲに食べられている。みなさんは、身長が一メートルそこそこの原人が、槍を手にこの獰猛なトカゲを狩る姿を想像できるだろうか。

フローレス島は、動物地理区を分けるウォーレス線の東にあり、オーストラリア区に属している。いまだかつて、アジア大陸と陸続きになったことがない場所である。それなのにフローレス島のソア盆地では、八四万年前の石器が見つかっている。そのはるか後に、フローレス原人がこの島にやってきたのである。原人たちは、どのようにして海を渡ったのだろうか。五万年から六万年前には、アフリカを旅だったヒトが、この島の近くを通ってオーストラリアへと移動していった。フローレス原人は、このヒトと接触することがなかったのだろうか。

フローレス原人は、新たな多くの謎をもたらしたのである。

◎ Brown P, Sutikna T, Morwood MJ, Soejono RP, Jatniko, Saptomo EW, Due RA (2004). A new small-bodied hominin from the late Pleistocene of Flores, Indonesia. *Nature* 431: 1055–1061.

◎ Falk D, Hildebolt C, Smith K, Morwood MJ, SutiknaT, Brown P, Jatmiko, Saptomo EW, Brunsden B, Prior F (2005). The brain of LB1, Homo floresiensis. *Science* 308: 242–245.

◎ Morwood MJ, Soejono RP, Roberts RG, Sutikna T, Turney CSM, Westaway KE, Rink WJ, Zhao J-x, van den Bergh GD, Due RA, Hobbs DR, Moore MW, Bird MI, Fifield LK (2004). Archaeology and age of a new hominin from Flores in eastern Indonesia. *Nature* 431: 1087–1091.

◎マイク・モーウッド、トマス・スティクナ、リチャード・ロバーツ (2005)「フロレス原人」(「アフリカを出た二つの原人」のうちの記事)『ナショナル・ジオグラフィック日本版』2005年4月号、日経ナショナル・ジオグラフィック社。

社会の人類学：アフリカに生きる』アカデミア出版会).
◎伊谷純一郎 (1987)『霊長類社会の進化』平凡社.
◎市川光雄 (1991)「平等主義の進化史的考察」(田中二郎・掛谷誠編『ヒトの自然誌』平凡社).

＊4　榎本知郎 (1990)『愛の進化：人はなぜ恋を楽しむか』どうぶつ社.

＊5　赤ちゃんの泣き声の進化

ルマーらによると，赤ちゃんの泣き声の進化についての仮説には，これまで次のようなものがあるという．(1) 古典的な説で，親から離れたときの悲しみの表現だというもの，(2) 現生人にも「子殺し」が行われるが，泣き声で訴えて殺されないようにする，(3) 元気に泣くことで親が自分の世話をやくように操作する，(4) 泣き声を出すことで世話をさせ，自分の競争者になる赤ちゃんがすぐに生まれないようにする．わたしの説は，どれにもあてはまらないので，新説のようである．

◎ Lummaa V, Vuorisalo T, Barr RG, Lehtonen L (1998). Why Cry? Adaptive significance of intensive crying in human infants. *Evolution and Human Behavior* 19: 193–202.

Stratiraphic, chronological and behavioural contexts of Pleistocene *Homo sapiens* from Middle Awash, Ethiopia. *Nature* 423: 747−752.

＊9　ヒト男性の祖

現生人の男性は，どの地方に住む人でも，アフリカに住んでいたひとりの男のＹ染色体を受け継いでいるといわれる．

◎ Ke Y, Su B, Song X, Lu D, Chen L, Li H, Qi C, Marzuki S, Deka R, Underhill P, Xiao C, Shriver M, Lell J, Wallace D, Wells RS, Seielstad M, Oefner P, Zhu D, Jin J, Huang W, Chakraborty R, Chen Z, Jin L (2001). African origin of modern humans in East Asia: A tale of 12,000 Y chromosomes. *Science* 292: 1151−1153.

第6章

＊1　今村薫 (1998)「人が住まない小屋」(佐藤浩二編『シリーズ建築人類学《世界の住まいを読む》1 住まいをつむぐ』学芸出版社).

＊2　Kittler R, Kayser M and Stoneking M (2003). Molecular evolution of Pediculus humanus and the origin of clothing. *Current Biology* 13: 1414−1417.

＊3　平等主義

ヒトを除く霊長類の社会は，個体間の優劣が明確で，相互のやりとりに対称性がなく，不平等な社会である．しかし伊谷純一郎 (1986; 1987) は，サルの行動のなかにも，やりとりが対称的な「平等原則」が認められ，それがヒトの平等主義へとつながったと主張した．ただ，ヒトの場合たとえ血縁関係があっても，個体間の平等性を維持するには，社会規則だけでなくかなりの心理的な努力が必要である．狩猟採集民に見られる平等主義社会では，分配によって，食物や所持品の個人差が解消されていく．市川光雄 (1991) は，集団で狩りをする必要性が平等主義を生んだと論じている．

◎伊谷純一郎 (1986)「人間平等起源論」(伊谷純一郎・田中二郎編著『自然

◎赤沢威編著 (2005)『ネアンデルタール人の正体：彼らの「悩み」に迫る』朝日新聞社.

＊7　肉食の推定法

安定同位体である窒素14と窒素15 (^{14}N, ^{15}N) は，食べ物として食べられ，タンパク質の成分として取り込まれる．そのうち軽い^{14}Nが，尿といっしょに排泄されやすい．そのため，食物連鎖の高次のものの方が，^{15}N/^{14}Nの割合が大きくなる．つまり食物のなかで，肉食の割合が大きければ大きいほどこの比が高くなる．発掘された化石人骨のコラーゲンに含まれる窒素を測ることで，その骨の主がどの程度まで肉食に偏った食物を摂っていたか，推定することができるのである．

これと同じように，ある種の植物は^{13}C/^{12}Cの比率を変化させる．これを利用して，アメリカ大陸に渡ったホモ・サピエンスがいつごろからトウモロコシの栽培を始めたかが推定されている．

◎アンドリュー・チェンバレン (1997)『ヒトの考古学』堀江保範訳，学藝書林.

＊8　形のうえで現代型のホモ・サピエンス

アフリカに棲んでいたごく初期のヒト（ホモ・サピエンス）は，形のうえで現代人とほとんど違いはないが，現代人のような文化をもたない．それで彼らを指すとき，しばしば「形のうえで現代型のホモ・サピエンス」ともって回ったいいかたをする．最近では，エチオピアのキビシュ (McDougall et al., 2005) やアワシュ (White et al., 2003; Clark et al., 2004) のものが報告された．

◎ McDougall I, Brown FH, Fleagle JG (2005). Stratigraphic placement and age of modern humans from Kibish, Ethiopia. *Nature* 433: 733–736.

◎ White TD, Astaw B, DeGusta D, Gilbert H, Richards GD, Suwa G, Howell C (2003). Pleistocene Homo sapiens from middle Awash, Ethiopia. *Nature* 423: 742–747.

◎ Clark JD, Beyene Y, Woldegabriel G, Hart WK, Renne PR, Gilbert H, Defleur A, Suwa G, Katoh S, Ludwig KR, Boisserie J-R, Asfaw B, White TD (2003).

いては，Short (1979) や Harcourt ら (1981) が分析している．一夫多妻のゴリラでは性的二型が大きく，テナガザルのように一夫一妻のサルでは，性的二型が小さい．これについては，わたしの著作を参照していただきたい (榎本, 1994)．本書では，化石種を含めて性的二型と配偶システムの関連を分析した Plavcan (2000) を参照した．

◎ Short RV (1979). Sexual selection and its component parts, somatic and genital selection, as illustrated by man and the great apes. *Advances in the Study of Behavior* 9: 131–158.

◎ Harcourt AH, Harvey PH, Larson SG, Short RV (1981). Testis weight, body weight and breeding system in primates. *Nature* 293: 55–57.

◎榎本知郎 (1994)『人間の性はどこから来たのか』平凡社．

◎ Plavcan JM (2000). Inferring social behavior from sexual dimorphism in the fossil record. *Journal of Human Evolution* 39: 327–344.

＊4　ドマニシ原人とドマニシの歯が一本だけの人

◎ Lordkipanidze D, Vekua A, Ferring R, Rightmire GP, Austi J, Kiladze G, Mouskhelishvili A, Niorandze M, de Leon MSP, Tappen M, Zollikofer CPE (2005). Anthropology: The earliest toothless hominin skull. *Nature* 434: 717–718.

◎ジョシュ・フィッシュマン (2005)「ドマニシ原人」(「アフリカを出た二つの原人」のうちの記事)『ナショナル・ジオグラフィック日本版』2005 年 4 月号，日経ナショナル・ジオグラフィック社．

＊5　C. ダーウィン (1975)『ビーグル号航海記』島地威雄訳，岩波文庫．

＊6　ネアンデルタール人

ホモ・ネアンデルターレンシス (ネアンデルタール人) は，かつては現生人類の直接の祖先かもしれないと考えられていたし，またヨーロッパや中近東からかなり多くの化石が見つかっているから，これに触れた本は多い．ここでは次の著作をあげておこう．

◎ジェイムズ・シュリーヴ (1996)『ネアンデルタールの謎』名谷一郎訳，角川書店．

された（ダート，1960）．これが類人猿と現生人をつなぐ「失われた鎖の輪」だとして，以降の化石人類の研究を加速することになった．

以来，多くの化石が見つかった．人類はいま，アウストラロピテクス属，パラントロプス属など6属と，われわれヒトを含むホモ属に分類されている．ホモ属は，ホモ・ハビリス，ホモ・エルガステル，ホモ・エレクトゥス，ホモ・ネアンデルターレンシス，ヒト（ホモ・サピエンス）など，9種が見つかっている．人類が誕生してから，地球上には同じ時代に何種類もの人類が共存するのがふつうだった．つねに新しい種類の人類が生まれ，その大部分は絶滅していった．最近の数万年間にホモ・エレクトゥスやホモ・ネアンデルターレンシスがあいついで絶滅したのは，ヒトとの競争に敗れたためだろう．

人類史の概略は，多くの本に述べられている．次から次へと新しい人類の化石が見つかり，遺伝子の研究も素晴らしい発展を遂げつつあるので，新しくて，目配りがきいていて，きちんと内容がまとまった本を選ぶのがよい．クラインらの訳本は，2002年ごろまでの人類学の展開をまとめたもので，その概要を知るには格好である．ほかにも，最近出版された本を，いくつかあげておいた．また，化石人類のスターであるアウストラロピテクス・アファレンシスの「ルーシー」の発見物語は，ジョハンソンらの著作がある．

◎レイモンド・ダート（1960）『ミッシング・リンクの謎』みすず書房〔最近になって復刻された〕．
◎リチャード G. クライン，ブレイク・エドガー（2004）『5万年前に人類に何が起きたか？：意識のビッグバン』鈴木淑美訳，新書館．
◎クリストファー・ストリンガー，ロビン・マッキー（2001）『出アフリカ記：人類の起源』河合信和訳，岩波書店．
◎埴原和郎（2000）『人類の進化：試練と淘汰の道のり』講談社．
◎ドナルド C. ジョハンソン，マイトランド A. エディ（1986）『謎の女性と人類の進化』渡辺毅訳，どうぶつ社．

＊3　性的二型と配偶システム

霊長類のオスとメスの性差（性的二型）と配偶システムとの関連につ

of lice supports direct contact between modern and archaic humans. *PLoS*. de Leon MSP.

第5章

＊1　霊長類の進化

霊長類の系統に関しては，Goodman ら（1998）を参照した．これは，化石の証拠と分子時計（後述）の証拠をつきあわせたもので，これまでの系統分類とは多少の違いがある．

狭鼻猿類は，約2400万年前，ヒトを含む類人猿の系統とオナガザル上科の系統に分岐した．オナガザル上科のサルは，複雄複雌の比較的大きな集団をつくることが多い．集団を移籍するのはオスで，メスは一生群れにとどまるため，集団の系統がメスによってたどれる．

1800万年前に，ヒト上科の系統は小型のテナガザル類と大型類人猿の系統に分かれた．テナガザル類は，例外なく一夫一妻のつがいをつくりナワバリを構える．

現生の大型類人猿は，オランウータンが単独生活，ゴリラが一夫多妻，チンパンジーやピグミーチンパンジーが複雄複雌集団と，社会構造が極めて多様である．そのためもあって，類人猿の共通祖先の社会構造がどのようなものだったか推定する手がかりに欠け，よく分かっていない．

◎ Goodman M, Porter CA, Czelusniak J, Page SL, Schneider H, Shoshani J, Gunnell G, Groves CP (1998). Toward a phylogenetic classification of primates based on DNA evidence complemented by fossil evidence. *Molecular Phylogenetics and Evolution* 9 (3): 585–598.

◎ Stewart C-B, Disotell TR (1998). Primate evolution - in and out of Africa. *Current Biology* 8: R582–R588.

＊2　人類

人類とは，2本足で立って歩くサルのことである．その初期のものが，アウストラロピテクス類で，その名は「南のサル」という意味である．この人類化石は，1924年にレイモンド・ダートによって南アフリカで発見いうべき『トイレは笑う』によった.

◎渡辺信一郎（2002）『江戸のおトイレ』新潮選書.

◎プランニング OM（1990）『トイレは笑う：歴史の裏側・古今東西』TOTO 出版.

＊2　『動物大百科 1 ～ 5』（平凡社, 1986）.

＊3　ハダカデバネズミ

異なる世代の個体を含めて多くのものがコロニーをつくって暮らし，少数の個体しか繁殖せず，繁殖しない個体は繁殖する個体やその子どもたちの世話をするものを，真社会性と呼ぶ．ミツバチなどに知られているが，これは昆虫だけに見られるもので哺乳類にはないと以前は考えられていた．わたしは，『日経サイエンス』に掲載されたシャーマンらの論文で，はじめてハダカデバネズミを知った．その異形の姿を見，彼らが真社会性の集団をつくると知ったときには，まさに驚天動地だった.

◎ P. W. シャーマン, J. U. M. ジャービス, S. H. ブラウディ（1992）「アリのような社会をもつハダカデバネズミ」『日経サイエンス』22 巻 10 号 88–97 頁（原論文 Sherman PW, Jarvis JUM, Braude SH（1992）. Naked mole rats. *Scientific American* August.）.

第 4 章

＊1　田中伊知郎（1999）『「知恵」はどう伝わるか』京都大学学術出版会.

＊2　シラミと人類進化

シラミの進化を知ることで人類史の道が見えるという Reed ら（2004）の研究は，2004 年の大きなトピックのひとつである．その最も大きな意義は，断片的な人類化石の性質を比較して並べ，人類進化の道を推測する今までの方法とは違い，まったく別の方向から証拠を提供して，仮説を検証する手だてを提供したことにある.

◎ Reed DL, Smith VS, Hammond SL, Rogers AR, DH（2004）. Genetic analysis

＊7　閉経

閉経とは，40歳から50歳くらいになると女性に月経が見られなくなる現象をいう．排卵しなくなるから，人為的な処置を施さない限り，赤ちゃんを産むことはできない．生物は，それぞれの個体や遺伝子が，どれだけ多くの自分の子孫やDNAの複製を次世代に残すかをかけて競争し，その結果進化したと考えられている．この「常識」に照らしてみると，自分の子孫を残さない時期が長いことを容易には説明できない．しかしこれがヒトの際だった特徴であり，非常に興味深い問題であるだけに，多くの研究者がいろんな仮説を提出している．本書では，Peccei (1995)，O'Connell (1999)，Packer (1998) を引用した．

◎ Peccei JS (1995). A hypothesis for the origin and evolution of menopause. *Maturitas* 21: 83–89.

◎ O'Connell JF, Hawkes K, Jones NGB (1999). Grandmothering and the evolution of *Homo erectus*. *Journal of Human Evolution* 36: 461–485.

◎ Packer C, Tatar M, Collins A (1998). Reproductive cessation in female mammals. *Nature* 392: 807–811.

第3章

＊1　トイレ

わたしは，本書を書くにあたって，トイレについて調べてみた．そして，実に多くの本が出版されていることに驚いた．いちばん多いのは，世界の各地でどんな便器が使われているかというトイレ文化論である．ことほどさように，トイレは人間の根源的な知的好奇心をそそる装置なのである．

近世の日本は，世界に冠たるトイレ先進国だった．その詳細は，渡辺信一郎 (2002) に詳しい．じつにおもしろい本なので，おすすめである．本の帯には，「惣雪隠《そうせっちん》に開帳の拝み穴」という川柳とともに，トイレにしゃがんだ女性を，壁の節穴からのぞき込む男の姿を描いた浮世絵が印刷してある．

フランスのヴェルサイユ宮殿のトイレ事情は，トイレ雑学の本とでも

＊3　A. ポルトマン (1961)『人間はどこまで動物か：新しい人間像のために』高木正孝訳, 岩波新書.

＊4　ヒトの脳の発達

家を建てるようになったのが, 人類史でごく最近だったことから, わたしはそれを, ヒトが晩成性になったことや知能の進展と関連づけた. その根拠のひとつにしたのが Coqueugniot (2004) らの論文である. これは, ホモ・エレクトゥスがアジアに現れた最初期の子どもの頭蓋骨を使った分析をし, ホモ・エレクトゥスの脳の成長が速いことを示している.

◎ Coqueugniot H, Hublin J-J, Veillon F, Houët F, & Jacon T (2004). Early brain growth in *Homo erectus* and implications for cognitive ability. *Nature* 431: 299-302.

＊5　成長のスパート

ヒトでは思春期の成長のスパートが顕著である. しかし近縁のチンパンジーなどにも見られるかどうかは, よく分かっていない. たとえあるとしても, ヒトのように明確なものではなさそうである. これに触れている本は多いが, なかでもスプレイグ (2004) のものが参考になる. この本では, 最新の生活史理論についても解説している.

◎ D. スプレイグ (2004)『サルの生涯, ヒトの生涯：人生計画の生物学』京都大学学術出版会.

＊6　長寿の鳥類

鳥類は, 哺乳類と比べたとき, 体重あたりの一生のエネルギー消費量が高く, また寿命も長い. 魚類や爬虫類では寿命がなく, 事故や病気でない限りいくらでも生きられるという考えもある. 本書では, Holmes (2003) を参照した.

◎ Holmes DJ, Ottinger MA (2003). Birds as long-lived animal models for the study of aging. *Experimental Gerontology* 38: 1365-1375.

虫類だって，ケンカばかりしていたらあっという間に絶滅してしまうではないか．進化行動学的に見れば理論的にもあり得ないし，事実とも異なっている．この番組は，ヒトが進化の頂点に立つという「進化の階梯《かいてい》」の考えにもとづいている．これは通俗的な本にしばしば見かける考えだが，初歩的な間違いである．

◎真鍋真監修 (2005)『恐竜博 2005：恐竜から鳥への進化』朝日新聞社．

＊4 『動物大百科 9：鳥類 3』のなかのコラム (平凡社，1986)．

第2章

＊1 本川達雄 (1992)『ゾウの時間，ネズミの時間：サイズの生物学』中公新書．

＊2 生活史

生活史とは，生物が生まれてから死ぬまでの生活の過程をさす．最近は，発見された人類化石の数が増えてきたし，野生の類人猿の研究も半世紀近く継続され，寿命などの生活史のデータがようやく蓄積されてきた．そのため，いま新たな展開がなされている研究分野である．

スマトラのオランウータンの生活史は，Wich ら (2004)，チンパンジーの死亡率に関しては，Hill ら (2001)，また，離乳については Kennedy (2005) を参照するとよい．これらの論文では，ヒトや化石人類との比較も議論しているので，参考になる．

◎ Wich SA, Utami-Atmoko SS, Setia TM, Rijksen HD, Schurmann C, van Hooff JARAM, van Schaik CP (2004). Life history of wild Sumatran orangutans (*Pongo abelii*). *Journal of Human Evolution* 47: 385–398.

◎ Hill K, Boesch C, Goodall J, Pusey A, Williams J, Wrangham R (2001). Mortality rates among wild chimpanzees. *Journal of Human Evolution* 40: 437–450.

◎ Kennedy GE (2005). From the ape's dilemma to the weanling's dilemma: early weaning and its evolutionary context. *Journal of Human Evolution* 48: 123–145.

◎『動物大百科1：食肉類』(平凡社, 1986).
◎『日本百科全書』(小学館) では, 山岸哲による「巣」の項の解説に, 類人猿のベッドについて触れられている.

＊2　鳥の巣

鳥類学では,「鳥によってつくられた (掘られた) あるいはもともとそこにあった, 構造物, 空間, 場所で, そこで鳥は産卵し, 卵は孵化するまで暖められる場所」を巣と呼ぶ (『鳥類学事典』). 鳥の巣の本としては, 画家の鈴木まもるさんが子供向けに書いた本が, 見ていて楽しい. どんな鳥が, どんな場所に, どんな巣をつくるか, 美しい絵で解説している. なお, カッコウの托卵については, 手元にあった唐沢孝一 (1998) も参照した.

◎『動物大百科7～9：鳥類1～3』(平凡社, 1986).
◎鈴木まもる (2004)『鳥の巣研究ノート Part 1, Part 2』あすなろ書房.
◎鈴木まもる (1999)『鳥の巣の本』岩崎書店.
◎鈴木まもる (2000)『ぼくの鳥の巣コレクション』岩崎書店.
◎唐沢孝一 (1998)『日本の鳥』新星出版社.
◎山岸哲・森岡弘之・樋口広芳監修 (2004)『鳥類学事典』昭和堂.

＊3　鳥類, 哺乳類の進化

鳥類や哺乳類の進化に関しては, 多くの本が出版されている. 本書では, 国立科学博物館で行われた恐竜博で手に入れた解説書 (真鍋, 2005) に基づいた. 系統図は, ティラノサウルス類の研究者, トーマス・ホルツの著書からの引用である. その内容が定説になっているわけではないようだが, 大まかなシナリオには変更がないだろう. つまり, 哺乳類が爬虫類の子孫ではなく, むしろ現生の爬虫類や鳥類と兄弟の系統にあたるということである.

ヒトの脳の進化を扱った某民放のテレビ番組に, ヒトの脳を三階層に分け, その最下層にあたる脳幹を「爬虫類脳」と呼び, 恐竜がうごめく映像で説明する番組があった. 番組では, 爬虫類脳は絶えず他個体との闘争を押しすすめ, 高次の脳がそれを抑制していると説明する. しかし爬

さらに学びたい人のために──文献案内

本書で述べた内容は，わたしの専門である霊長類学や人類学のほかに，鳥類学から寄生虫学まで多岐にわたる．これらの領域の膨大な知識を，すべて原著論文から拾っていくのは，わたしの力をはるかに超える．そこで，以下のような方針で情報を収集した．

鳥の巣，哺乳類の巣，伝染病，外部寄生虫などに関しては，おもに事典，図鑑，百科事典などの記載を参照した．また，部分的には専門家にうかがった．

人類進化の道筋は不明なところが多く，現在でも活発に議論されている．本書では，人類進化の概略について最近出版された本を参照し，適宜原著にあたった．本書のテーマにとって最も基本となる部分に関しては，原著にあたった．また言語の遺伝子，フローレス原人，シラミの進化，化石人類の成長の分析など，最近報告され本にまだ紹介されていないことは，もちろん直接文献にあたった．これらは，そのほとんどが英文の論文だが，*Nature* や *Science* など，比較的手に入りやすい雑誌に掲載されたものが多いので，図書館などを利用すれば読者も参照することができるだろう．

それぞれ大きなテーマに結びつくトピックに関しては，少し解説をつけ加えた．さらに学びたい人は，これを参考にしながら，その後に列挙した文献にあたっていただきたい．

第1章

＊1　メガネグマ

日本に棲むツキノワグマも，よく木に登り，ときには樹上で休むこともある．しかし，メガネグマのように，餌をもっぱら樹上でとるほど森林に適応したクマは，珍しい．

索　引

榎本　知郎（えのもと　ともお）

1947年鳥取県生まれ．京都大学理学部卒業．理学博士．
ニホンザルとピグミーチンパンジーの行動研究に従事．現在，東海大学医学部助教授．

【主な著書】
『愛の進化：人はなぜ恋を楽しむか』（どうぶつ社，1990年），『人間の性はどこから来たのか』（平凡社，1994年），『ボノボ：謎の類人猿に性と愛の進化を探る』（丸善ブックス，1997年）『性・愛・結婚：霊長類学からのアプローチ』（丸善ブックス，1998年），『霊長類学を学ぶ人のために』（共著，世界思想社，1999年），『講座　生態人類学８　ホミニゼーション』（共著，京都大学学術出版会，2001年），『アフリカを歩く：フィールドノートの余白に』（共著，以文社，2002年）など．

学術選書

ヒト　家をつくるサル　学術選書 011

2006年5月10日　初版発行

著　　者…………榎本　知郎
発 行 人…………本山　美彦
発 行 所…………京都大学学術出版会
京都市左京区吉田河原町 15-9
京大会館内（〒 606-8305）
電話（075）761-6182
FAX（075）761-6190
振替 01000-8-64677
URL http://www.kyoto-up.or.jp
印刷・製本…………㈱クイックス東京
カバー・イラスト…………小林美佐緒
装　　幀…………鷺草デザイン事務所

ISBN　4-87698-811-0
定価はカバーに表示してあります